计算机技术入门丛书

大数据分析导论
实验指导与习题集 第2版

金大卫◎主编
沈计 易思华 陈镜宇◎副主编
吴良霞 鲁敏 陈旭 周巍 黄任众 刘琪 范爱萍 陈君理◎编著

清华大学出版社
北京

内容简介

本书以信息技术工具与大数据分析为核心,结合当前时代信息技术的发展动态,通过10个具有代表性的实验,对与大数据分析相关的工具、方法及其应用进行了详细介绍。本书一方面涵盖了信息技术基础知识、AI Studio 平台、Python 程序设计语言、网络数据获取、文本和表格数据处理与数据分析等大数据分析基础知识体系内容,另一方面加入了虚拟数字人、大语言模型等大数据与人工智能领域的前沿应用,引导读者体验信息技术的最新产物。本书内容和实例丰富,针对性强,叙述和分析透彻,具有可读性、可操作性和实用性强等特点。此外,本书还包含大量的案例素材、习题与解析说明,详见随书在线资源。

本书是《大数据分析导论》(第 2 版,清华大学出版社,2022)的配套实验指导书,可作为大数据时代"新工科""新文科"建设背景下高等学校信息科学与大数据分析课程教学的重要参考用书,也可作为计算机等级考试备考的主要参考书。

本书封面贴有清华大学出版社防伪标签,无标签者不得销售。
版权所有,侵权必究。举报:010-62782989,beiqinquan@tup.tsinghua.edu.cn。

图书在版编目(CIP)数据

大数据分析导论实验指导与习题集/金大卫主编. —2 版. —北京:清华大学出版社,2024.3(2024.8重印)
(计算机技术入门丛书)
ISBN 978-7-302-65612-8

Ⅰ. ①大… Ⅱ. ①金… Ⅲ. ①数据处理—高等学校—教学参考资料 Ⅳ. ①TP274

中国国家版本馆 CIP 数据核字(2024)第 045281 号

责任编辑:陈景辉　张爱华
封面设计:刘　键
责任校对:韩天竹
责任印制:沈　露

出版发行:清华大学出版社
　　　　网　　址:https://www.tup.com.cn,https://www.wqxuetang.com
　　　　地　　址:北京清华大学学研大厦 A 座　　邮　编:100084
　　　　社 总 机:010-83470000　　　　　　　　 邮　购:010-62786544
　　　　投稿与读者服务:010-62776969,c-service@tup.tsinghua.edu.cn
　　　　质量反馈:010-62772015,zhiliang@tup.tsinghua.edu.cn
　　　　课件下载:https://www.tup.com.cn,010-83470236
印 装 者:小森印刷霸州有限公司
经　　销:全国新华书店
开　　本:185mm×260mm　　　印　张:13.5　　　字　数:329 千字
版　　次:2021 年 1 月第 1 版　2024 年 5 月第 2 版　　印　次:2024 年 8 月第 2 次印刷
印　　数:1501~5500
定　　价:49.90 元

产品编号:104730-01

前言
FOREWORD

随着互联网的日益普及、网络技术和人类生活的交汇融合,全球数据呈爆发式增长,人们已经进入了大数据时代。大数据是指海量数据随时间的流逝而不断产生,且很难用传统计算机工具进行捕捉、处理与管理的数据集合,它对我们的影响不仅体现在商业领域、产业格局上,甚至上升到国家未来发展层面。另外,为主动应对新一轮科技革命与产业变革,支撑服务创新驱动发展、"中国制造2025"等一系列国家战略,2019年5月,教育部等12部委启动"六卓越一拔尖"计划2.0工程,开始全面推进"新工科""新医科""新农科""新文科"建设,先后形成了"复旦共识""天大行动""北京指南",并发布了《关于开展新工科研究与实践的通知》《关于推进新工科研究与实践项目的通知》。在大数据时代"新工科""新文科"建设背景下,对数据的处理、分析及运用其背后的信息指导决策、提高竞争力需求迫切,对广大高等学校知识授予和人才培养也提出了新的要求。大数据时代需要能熟练掌握大数据技术、有效挖掘数据价值的人才。大数据技术已经成为各行各业都需要的技术,并非只有计算机专业从业者才需要,且在大数据的处理和分析中,跨学科、跨领域的应用和创新非常普遍。大数据基础素养的培养不应该仅作为专业教育目标,而应该尽早渗透至各专业、各领域的知识学习和运用中。新时代人才应具备将自身专业学科知识体系与信息科学新技术、新方法相融合的能力,从而借助信息技术开阔专业视野、优化思维体系。鉴于此,在高校人才培养中加强信息化技术、融合大数据意识和技术显得尤为重要,已迅速在我国教育界达成广泛共识。

为满足大数据时代"新工科""新文科"建设背景下高校人才培养中对信息技术基础知识及大数据基础素养能力的新需要,结合不同的学科和专业特点,我们根据《中国高等院校计算机基础教育课程体系2014》(清华大学出版社,2014)的要求,组织多年从事大学信息基础通识课程教学和科研工作的教师,结合信息科学和大数据技术的最新应用技术与研究成果,编写了此书。

本书主要内容

本书由金大卫任主编并统稿,沈计、易思华、陈镜宇任副主编,编者还包括吴良霞、鲁敏、陈旭、周巍、黄任众、刘琪、范爱萍、陈君理(按编写内容先后顺序排列)。本书在《大数据分析导论实验指导与习题集》的基础上,结合当前时代信息技术的发展动态进行了修订,对原有实验指导结构框架进行了调整,通过10个具有代表性的实践案例,对与大数据分析相关的工具、方法及其应用进行了详细介绍。本书不仅对信息技术基础内容及其在大数据分析中的应用方法进行了梳理,包括实验2 信息技术基础、实验3 利用AI Studio平台构建Python项目、实验7 利用Python获取网络数据、实验8 利用Word处理文本数据、实验9 利用Excel处理表格数据、实验10 利用Excel进行数据分析;还重点突出了虚拟数字人、大语言模型、认知模型等大数据与人工智能领域的前沿技术应用,包括实验1 前沿引导:虚拟数字人与大语言模型、实验4 利用大语言模型自动生成Python代码、实验5 利用大语言认知模型实现AI聊天、实验6 利用计算机视觉模型实现人脸识别。

本书特色

本书内容和实例丰富，针对性强，叙述和分析透彻，具有可读性、可操作性和实用性强等特点。此外，本书还包含大量的案例素材、习题与解析说明，详见随书在线资源。

通过本书的学习，学生可以熟练掌握 Windows 10 操作系统的使用、学习 Internet 基本应用，可以熟练掌握 Office 办公软件 Word 2016、Excel 2016 的操作，并能基于 AI Studio 平台，熟练掌握利用 Python 程序设计语言和 Office 2016 软件完成简单的数据获取、数据处理、数据分析和数据展示等大数据分析技术的应用方法，并对虚拟数字人、大语言认知模型、AI 聊天、人脸识别等大数据与人工智能前沿技术及其应用方法有一个初步的认识和体验，为学习信息科学的后续课程和利用信息科学的有关知识与工具解决本专业及相关领域的问题打下良好的基础。

配套资源

为便于教学，本书配有源代码、案例素材（本书部分彩色图片可在此二维码中下载）和习题题库。获取方式：先扫描本书封底的文泉云盘防盗码，再扫描下方二维码，即可获取。

源代码和案例素材

全书网址

读者对象

本书是《大数据分析导论》(第 2 版，清华大学出版社，2022)的配套实验指导书，可作为大数据时代"新工科""新文科"建设背景下高等学校信息科学与大数据分析教学的重要参考用书，也可作为计算机等级考试备考的主要参考书。

致谢

在本书的编写过程中得到了中南财经政法大学教务部、信息与安全工程学院领导和老师们的大力支持，特别感谢胡景浩老师为本书配置实验环境。同时清华大学出版社为本书的顺利出版付出了极大的努力。本书部分图片取自互联网，部分文字也参考了网页内容，作者尽可能地将引用链接在相关章节中给出，少部分无法给出引用的，在此对相关作者一并致以深深的感谢。

尽管作者对本书内容进行了反复修改，但由于水平和时间有限，书中难免有疏漏之处，敬请读者提出宝贵意见，以便修订时更正。

本书所使用的所有人像图片素材均通过 AI 生成，并非真实人物的影像，不存在肖像权与其他版权问题，如有疑问，可直接与出版社联系。

作　者
2024 年 1 月

目 录
CONTENTS

第一部分 实验部分

实验1 前沿引导：虚拟数字人与大语言模型 ·········· 3
   1.1 生成虚拟数字人 ·········· 5
   1.2 部署大语言模型 ·········· 11

实验2 信息技术基础 ·········· 16
   2.1 WinRAR 的下载和安装 ·········· 16
   2.2 Python 的安装与卸载 ·········· 20
   2.3 Microsoft Office 2016 的安装 ·········· 25
   2.4 百科园通用考试客户端的安装与配置 ·········· 30

实验3 利用 AI Studio 平台构建 Python 项目 ·········· 35
   3.1 使用 AI Studio 课程实验项目 ·········· 35
   3.2 使用 AI Studio 新建项目 ·········· 41

实验4 利用大语言模型自动生成 Python 代码 ·········· 47
   4.1 通过大语言模型自动生成简单的 Python 案例代码 ·········· 48
   4.2 通过大语言模型辅助学习 Python 语言 ·········· 53

实验5 利用大语言认知模型实现 AI 聊天 ·········· 59

实验6 利用计算机视觉模型实现人脸识别 ·········· 82

实验7 利用 Python 获取网络数据 ·········· 100
   7.1 使用 Python 获取中南财经政法大学教务新闻 ·········· 101
   7.2 使用 XPath 获取百度热搜 ·········· 108

实验8 利用 Word 处理文本数据 ·········· 114
   8.1 工作报告的排版 ·········· 114

8.2 设计宣传海报 …………………………………………………………… 120
8.3 政策文件的排版 …………………………………………………………… 128
8.4 邮件合并操作——家长会通知 …………………………………………… 138

实验 9 利用 Excel 处理表格数据 ……………………………………………… 145
9.1 班级考试成绩统计 ………………………………………………………… 146
9.2 员工工资统计 ……………………………………………………………… 154
9.3 员工个税情况统计 ………………………………………………………… 161
9.4 产品销售信息统计 ………………………………………………………… 165

实验 10 利用 Excel 进行数据分析 …………………………………………… 175
10.1 班级考试成绩分析 ……………………………………………………… 175
10.2 购房贷款方案分析 ……………………………………………………… 179
10.3 企业项目投资决策分析 ………………………………………………… 183
10.4 黄金价格预测分析 ……………………………………………………… 185
10.5 居民工资与存款分析 …………………………………………………… 194
10.6 全国消费者物价指数分析 ……………………………………………… 199

第二部分　习题部分

习题 1　信息技术与大数据分析基础 …………………………………………… 207
习题 2　大数据分析工具 ………………………………………………………… 207
习题 3　信息网络技术与网络数据获取 ………………………………………… 207
习题 4　文本数据处理 …………………………………………………………… 207
习题 5　表格数据处理 …………………………………………………………… 207
习题 6　数据分析 ………………………………………………………………… 207

第一部分

实 验 部 分

实验 1

前沿引导：虚拟数字人与大语言模型

【实验目的】

随着计算机图形学、大数据、人工智能、虚拟现实技术以及其他先进技术的发展，源于1992年科幻小说《雪崩》中的概念"元宇宙"已经走到了互联网发展的最前沿。而作为"元宇宙"的"原住民"，虚拟数字人融合了真人的形象数据和特征，是人类进入"元宇宙"的基础，也是大数据分析相关技术和方法的前沿应用产物。

虚拟数字人（见图1-1）可以表现为二维或三维形式，其核心技术包括图像识别、语音合成、自然语言处理和计算机动画等。根据其形象和功能特点进行分类，常见的虚拟数字人包括以下几种。

图1-1 虚拟数字人

（1）虚拟偶像：以虚拟歌手、虚拟演员等形式存在的虚拟数字人，如日本虚拟歌手初音未来、中国虚拟歌手洛天依等。

（2）虚拟助手：为用户提供各种服务和帮助的虚拟数字人，如Siri、小爱同学等。

（3）虚拟主播：通过直播、短视频等形式与观众互动的虚拟数字人，如日本虚拟主播Kizuna AI、中国虚拟主播希加加等。

（4）虚拟游戏角色：游戏中的非玩家角色（NPC）和玩家角色，如经典网络游戏《魔兽世界》中的各种角色。

虚拟数字人的应用场景非常广泛，包括但不限于以下几个领域。

（1）娱乐产业：虚拟数字人可以成为歌手、演员、主播等角色，为观众带来全新的娱乐体验。

（2）广告营销：虚拟数字人可以作为广告代言人，为企业和品牌增加知名度和吸引力。

(3) 教育培训：虚拟数字人可以作为教学助手，为学生提供个性化的教育资源和服务。

(4) 虚拟现实与游戏：虚拟数字人可以为用户提供沉浸式的虚拟现实体验，以及更丰富的游戏角色选择。

(5) 人机交互：虚拟数字人可以作为人工智能助手，与用户进行自然语言交流，提供各种服务和信息。

而大语言模型(Large Language Model, LLM)是一类基于大数据与深度学习技术的自然语言处理模型，具有强大的语言理解和生成能力，可以用于各种自然语言处理任务，如文本生成、对话系统、文本分类等。

虚拟数字人与大语言模型的关系在于，大语言模型可以为虚拟数字人提供自然语言处理能力，使得虚拟数字人可以理解和生成自然语言文本，从而更好地与人类进行交互。具体来说，大语言模型可以应用于虚拟数字人的以下几方面。

(1) 对话系统：虚拟数字人可以通过大语言模型来理解和生成自然语言文本，从而与人类进行对话。例如，虚拟数字人可以回答人类的问题、提供建议和指导等。

(2) 语音识别和生成：大语言模型可以通过对语音数据的分析和处理，为虚拟数字人提供语音识别和生成能力。这使得虚拟数字人可以更好地模拟人类的语音特征，提高交互的真实感。

(3) 情感分析：大语言模型可以对自然语言文本进行情感分析，识别出文本中的情感倾向。虚拟数字人可以通过这一能力来理解人类的情感需求，并根据情感需求提供相应的回应。

(4) 文本生成：大语言模型可以基于用户输入的关键词或情境生成相应的自然语言文本。虚拟数字人可以利用这一能力来生成与用户相关的故事、诗歌等，提高交互的趣味性。

总之，虚拟数字人可以借助大语言模型的自然语言处理能力，提高与人类的交互水平，为用户提供更丰富、有趣的体验。同时，大语言模型也可以通过虚拟数字人这一载体，将其技术应用到实际场景中，为人们带来便利和价值。

本实验通过生成虚拟数字人以及部署大语言模型两个案例，介绍大数据与人工智能的最新技术，通过实践体验大数据分析与人工智能技术的前沿应用，为后续实践内容的开展提供引导，并达到以下目的。

(1) 了解创建虚拟数字人的基本流程。

(2) 掌握利用百度智能云平台基于文本创建音频的方法。

(3) 掌握利用百度智能云平台将静态图像转换为虚拟主播面部表情视频的方法。

(4) 掌握利用百度智能云平台通过声音驱动表情让虚拟主播说话的方法。

(5) 掌握利用百度智能云平台创建虚拟数字人视频的方法。

(6) 了解部署大语言模型的基本流程。

(7) 掌握基于 LangChain 和 LLM 构建知识库的方法。

【实验环境】

(1) 台式计算机或笔记本计算机，接入 Internet。

(2) Windows 10 中文旗舰版。

(3) Python 3.9 及以上版本。

【实验内容】

(1) 通过百度智能云平台创建虚拟数字人视频。

(2) 通过 Python 构建程序将静态图像生成数字人模式。

(3) 通过 Python 构建程序，通过文本构建音频。

实验1 前沿引导：虚拟数字人与大语言模型 5

（4）通过 Python 构建程序调用声音和数字人模式，从而构造虚拟数字人视频。

（5）通过 Python 构建程序直接从文字生成虚拟数字人。

（6）部署大语言模型 ChatGLM。

（7）部署知识库平台 LangChain。

 ## 1.1 生成虚拟数字人

【实验素材】

本案例素材已通过百度 AI Studio 平台项目公开共享，链接详见前言二维码。

【实验步骤】

（1）通过百度智能云平台创建虚拟数字人项目。

使用浏览器登录百度智能云（地址详见前言二维码，进入网站主页后，单击右上角的"登录"按钮，进入网页登录页面，如图 1-2 所示。可选择使用百度账号登录（如果没有注册过百度账号，则可以通过短信快捷登录，或者注册后再登录），登录成功后，进入欢迎页面，选择"我已阅读并同意"单选按钮，单击"立即使用"按钮重新进入主页。

图 1-2 进入网页登录页面

要创建虚拟数字人，首先需要对当前账号进行实名认证。将鼠标移动至主页右上角的账户名上方，在弹出的浮动窗口中单击"立即认证"按钮，即可打开"实名认证"页面，如图 1-3 所示。在页面中单击"开始个人认证"按钮即可开始个人认证流程，可以选择利用个人身份证、护照、港澳台居民往来内地通行证等方式完成认证。

接下来可以使用登录的账号创建一个虚拟数字人项目。在主页上方选择"项目"选项卡，然后单击"创建项目"按钮，如图 1-4 所示。

在"创建项目"对话框中的"选择类型"环节，选中 Notebook 选项，单击"下一步"按钮；在"配置环境"环节首先在"Notebook 版本"中选中 BML Codelab 选项，然后在"项目框架"下拉菜单中选择"通用框架"中的"PaddlePaddle 2.2.2"选项，此时项目环境已经自动选中 python 3.7 单选按钮，单击"下一步"按钮；最后填写相应的项目名称、项目标签以及项目描述。"创建项目"设置内容如图 1-5 所示。

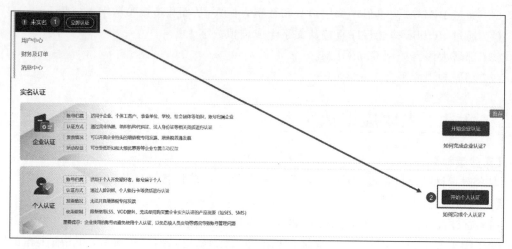

图 1-3 打开"实名认证"页面

图 1-4 单击"创建项目"按钮

图 1-5 "创建项目"设置内容

（2）部署虚拟数字人项目。

进入虚拟数字人项目界面后，单击“启动环境”按钮，并在“免费资源”选项卡中选中“高级GPU V100 32GB”（这里选择的是项目云端算力资源，算力越高代码运行速度越快，因此可以根据项目任务复杂度和个人用户免费算力余额决定选用哪一款GPU，关于免费算力的详细说明和获取方式详见实验3。该模型最低需要16GB显存），运行环境选择如图1-6所示。

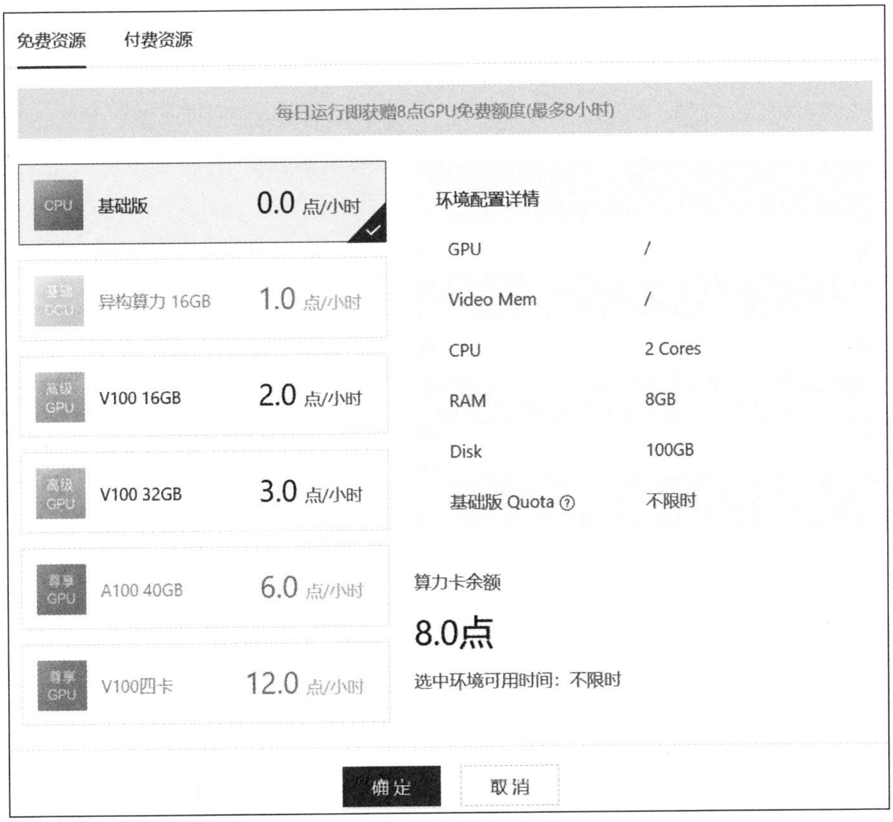

图1-6　运行环境选择

单击“确定”按钮后，环境启动成功。接下来，可按照以下步骤完成数字人项目的部署。

① 通过git clone函数从开源平台gitee上下载数字人模型（该模型由广州星瑞元宇信息技术有限公司公开发布，地址详见前言二维码），具体下载过程可输入以下代码并运行实现。

```
!git clone https://gitee.com/xingruispace/shuziren2d.git - b master
```

模型下载成功后结果信息如图1-7所示。

```
正克隆到 'shuziren2d'...
remote: Enumerating objects: 86, done.
remote: Counting objects: 100% (86/86), done.
remote: Compressing objects: 100% (75/75), done.
remote: Total 86 (delta 12), reused 0 (delta 0), pack-reused 0
展开对象中: 100% (86/86), 完成.
检查连接... 完成。
```

图1-7　模型下载成功后结果信息

② 构建虚拟数字人的核心,即百度提供的 PaddleGAN 和 PaddleSpeech 函数库。其中 PaddleGAN 是基于百度 PaddlePaddle 深度学习框架的生成对抗网络(GAN)。GAN 通常包含生成器与判别器两部分。在整个深度学习的训练过程中,生成器不断生成逼真的图像,而判别器会尽力查找不够真实的图像。这种对抗训练的过程最终使得生成的图像越来越接近真实。在此基础上,PaddleGAN 使用 First Order Motion 模型实现人脸表情的动作迁移,并使用 Wav2Lip 模型完成唇形的动作合成。

而 PaddleSpeech 中包含了多种语音识别模型,能力涵盖了声学模型、语言模型、解码器等多个环节,支持多种语言。目前 PaddleSpeech 已经支持的语音识别声学模型包括 DeepSpeech2、Transfromer、Conformer U2/U2++,支持中文和英文的单语言识别以及中英文混合识别;支持 CTC 前束搜索(CTC Prefix Beam Search)、CTC 贪心搜索(CTC Greedy Search)、注意力重打分(Attention Rescoring)等多种解码方式;支持 N-Gram 语言模型、有监督多语言大模型 Whisper、无监督预训练大模型 wav2vec2;同时还支持服务一键部署,可以快速封装流式语音识别和非流式语音识别服务。通过 PaddleSpeech 提供的命令行工具 CLI 和 Python 接口可以快速体验上述功能。

PaddleGAN 和 PaddleSpeech 的安装代码如下。

```
!pip install ppgan -- user
!python3 -m pip install paddlespeech == 1.0.0 -- user
!python3 -m pip install paddleaudio == 1.0.1 -- user
!python3 -m pip install typeguard == 2.13.2 -- user
```

PaddleGAN 和 PaddleSpeech 安装完成后结果如图 1-8 所示。

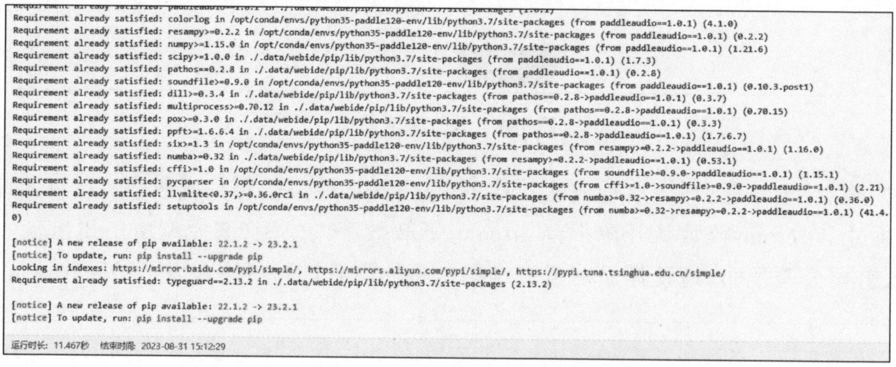

图 1-8 PaddleGAN 和 PaddleSpeech 安装完成后结果

③ 将静态图像转换为虚拟主播面部表情视频,即基于图片生成数字人模式。首先通过以下命令进入 shuziren2d 文件夹。

```
% cd shuziren2d
```

接下来输入如下命令。

```
!python create_virtual_human.py --config default.yaml
```

该命令结合给定的静态图及表情，生成虚拟主播。在此步骤中，需要手动将文件上传至对应的目录中，其中需要生成视频的图片放至"./shuziren2d/file/demo/demo.jpg"路径下，默认的表情迁移文件放至"./shuziren2d/file/demo/xunizhubo_demo.mp4"路径下，手动上传文件过程如图1-9所示。

图1-9　手动上传文件过程

执行上述步骤后,即可在"./shuziren2d/file/demo/demoFOM.mp4"路径中得到数字人模型,数字虚拟人生成结果如图1-10所示。

(a) 给定的静态图片demo.jpg

(b) 给定的主播表情视频 xunizhubo_demo.mp4

(c) 存放于demoFOM.mp4 的数字人模型

图1-10　数字虚拟人生成结果

④ 为主播生成音频数据。输入以下命令。

```
!python general_text2audio.py -- output ./file/output/demoaudio.wav -- text 各位同学大家好,我是你们的专属虚拟主播,很高兴能为大家服务。欢迎大家完成虚拟主播创建实验。
```

上述命令通过调用general_text2audio.py函数将text(文本)转换为audio(语音)文件,并存放在"./shuziren2d/file/output/demoaudio.wav"路径下。为了简化演示环节,本实验在此设置的文本为:"各位同学大家好,我是你们的专属虚拟主播,很高兴能为大家服务。欢迎大家完成虚拟主播创建实验。"代码运行成功后出现提示行:"声音生成完毕,输出路径为:./file/output/demoaudio.wav"。

⑤ 输入声音和参考动作视频,生成主播视频。输入以下命令。

```
!python general_audio2video.py  -- output ./file/output/demoshuziren.mp4 - input ./file/demo/demoFOM.mp4 -- audio ./file/output/demoaudio.wav
```

该命令行通过执行general_audio2video.py程序,将demoFOM.mp4中的数字人模型,以及demoaudio.wav中的语音合成为一段完整的视频(对于50个字的文本,10s视频预计生成需要消耗170s)。代码运行成功后出现提示行:"视频生成完毕,输出路径为:./file/output/demoshuziren.mp4"。此时可在"./shuziren2d/file//output/"路径下找到最终生成的虚拟数字人视频demoshuziren.mp4,并可对其下载查看,虚拟数字人视频生成结果如图1-11所示。

本节案例生成的虚拟数字人演示视频可通过扫描左侧的二维码观看。

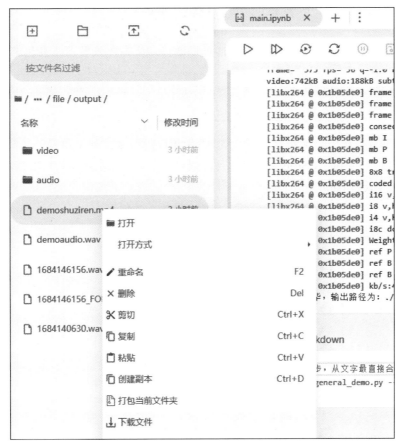

图 1-11 虚拟数字人视频生成结果

 1.2　部署大语言模型

本案例选用 ChatGLM＋LangChain 作为对话模型。其中 ChatGLM 是 2023 年基于清华大学 KEG 实验室与智谱 AI 联合训练的语言模型 GLM-130B 开发的人工智能助手。该助手拥有强大的语言处理能力，可以针对用户的问题和要求提供适当的答复和支持。而 LangChain 是一个基于语言模型开发应用程序的框架，它为开发人员提供必要的工具来创建由大语言模型（LLM）提供支持的应用程序，包括聊天机器人、生成式问答（GQA）、摘要等。它旨在简化 LLM 的使用，使其更易于被广大开发者接入和应用。特别地，LangChain 为 LLM 提供了缓存功能，可以记录 LLM 交互中的历史状态，并基于历史状态修正模型的预测。这有助于提高模型的准确性和响应速度。

【实现素材】

本案例素材已通过百度 AI Studio 平台项目公开共享，链接详见前言二维码。

【实验步骤】

参照 1.1 节案例中的步骤来创建一个新的 AI Studio 空白项目，在配置环境时将模型框架与开发语言版本分别设置为 PaddlePaddle 2.5.0 和 Python 3.10，并在创建项目的第三步中添加数据集"ChatGLM2-6B 模型 pdparams 格式"。完成项目创建后，即可通过以下步骤部署大语言模型。

① 导入 PaddleNLP 工具包。一般而言，可以通过如下命令安装该工具包的最新版本。

```
!python -m pip install paddlepaddle-gpu==0.0.0.post112 -f https://www.paddlepaddle.org.cn/whl/linux/gpu/develop.html
```

该命令在部分情况下可能报错，并提示找不到相应的版本。如果出现上述情形，可以直接将工具包下载后，上传到 AI Studio 平台项目的根目录下，上传结果如图 1-12 所示。图中压缩文件 nltk_data.zip 和 paddlenlp.zip 即为上传的 PaddleNLP 工具包。

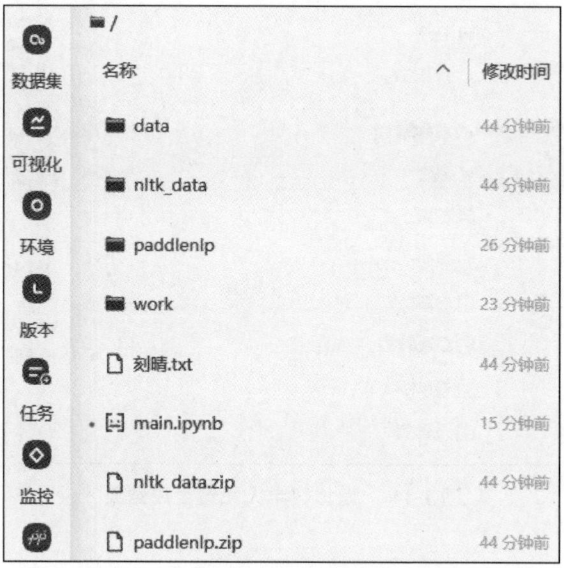

图 1-12　语言处理工具包上传结果

PaddleNLP 工具包导入项目后，可通过下列命令解压。

```
!unzip -oq paddlenlp.zip
!unzip -oq nltk_data.zip
```

② 安装环境，即导入 PaddleNLP 工具包的相关库文件（如 LangChain 和 nltk 等）。安装命令如下，注意下述命令每次开启项目时都需执行。

```
!pip install faiss-cpu
!pip install unstructured
!pip install langchain
!pip install nltk
!pip install --upgrade paddlenlp==2.6.0rc
!rm -rf /opt/conda/envs/python35-paddle120-env/lib/python3.10/site-packages/paddlenlp
!cp -rf paddlenlp /opt/conda/envs/python35-paddle120-env/lib/python3.10/site-packages/paddlenlp    #手动安装开发版
```

```
from IPython.display import clear_output as clear
clear()
print('安装完成,请重启内核!!')
```

完成上述步骤后，需要单击“重启内核”按钮重启项目内核，项目内核重启按钮如图 1-13 所示。

+ Code
+ Markdown
每次运行项目先安装环境，记得重启内核

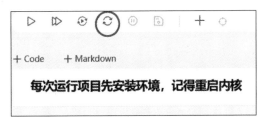

图 1-13　项目内核重启按钮

③ 完成内核重启后，即可通过下列命令调用 ChatGLM 模型。

```
from work.llm import ChatGLM,ChatGLM2
llm  = ChatGLM2()
parameter = {
                    "decode_strategy": "sampling",
                    "top_k": 1,
                    "src_length": 8000,
                    "tgt_length":256,
                    "use_cache": True,
            }
llm.set_parameter(parameter)
```

上述代码中，变量 parameter 用于设置 ChatGLM 模型的语言生成参数，包括解码方法、生成句子数量、生成长度、读取长度等。如 tgt_length 对应的值即为生成句子的最大长度，如果要让模型生成较长内容的回答，可以将该属性值设置一个较大的值，但此设置同时会导致给出答案的响应时间变长。反之，如需要让模型能够快速地生成答案，可将该属性设置为一个较小的值。

ChatGLM 模型加载完成后出现人机交互对话框用于完成简单的人机对话，如图 1-14 所示。

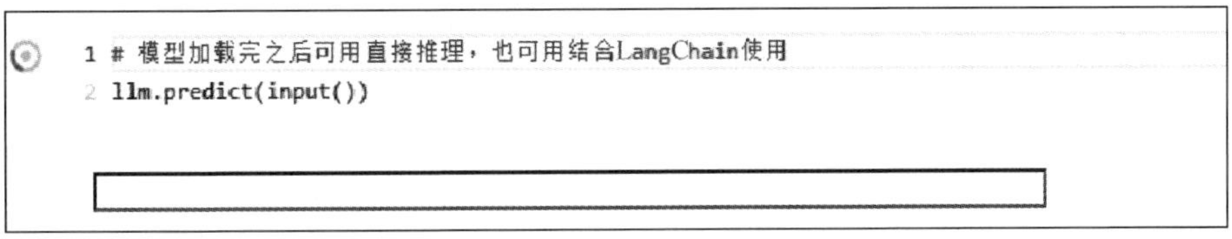

1 # 模型加载完之后可用直接推理，也可用结合LangChain使用
2 llm.predict(input())

图 1-14　人机交互对话框

接下来可以在对话框中输入问题简单测试 ChatGLM 的对话能力，如输入问题“物质的运动速度可以超过光速吗?”，模型生成的答案信息如图 1-15 所示。本次答案生成大约耗时 28s。

物质的运动速度可以超过光速吗？

*物质的运动速度是否可以超过光速，是一个长期以来备受争议的问题，涉及到经典力学和量子力学的知识。\n\n在经典力学中，光速是一个不可逾越的极限。根据经典力学，任何物体都不能以超过光速的速度移动。这是因为光速在真空中的传播速度是宇宙中最快的速度，而且它是一个恒定的值，约为每秒299,792,458米。如果一个物体的速度超过光速，它将超越光的速度，并产生一些奇异的物理效应，例如时间倒流和负质量等。\n\n在量子力学中，物体的运动速度可以超过光速。量子力学是描述微观世界的物理学理论，它解释了微观粒子的行为和相互作用。根据量子力学，物体的运动速度是相对的，取决于观察者的观测方式和测量仪器。在量子力学中，物体的运动速度可以超过光速，尤其是在量子纠缠和量子计算等应用中。\n\n因此，物质的运动速度是否可以超过光速，取决于所使用的理论框架和测量方式。在经典力学中，光速是一个不可逾越的极限；而在量子力学中，物体的运动速度可以超过光速。'

运行时长：28.002秒　结束时间：2023-08-25 17:34:27

图 1-15　模型生成的答案信息

④ 结合 LangChain 模型，实现基于上下文情景的多轮对话，代码如下：

```python
from langchain.prompts import PromptTemplate
from langchain.chains import ConversationChain, LLMChain
from langchain.memory.buffer import ConversationBufferMemory

template = """你是一个聊天机器人，正在和人类对话.

之前的对话:
{chat_history}

新的问题: {question}
回复:"""
prompt = PromptTemplate.from_template(template)

memory = ConversationBufferMemory(memory_key = "chat_history")
conversation = LLMChain(
    llm = llm,
    prompt = prompt,
    verbose = False,
    memory = memory
)
while(True):
    print(conversation({"question": input()})["text"])
```

执行上述代码后，即可不断在对话框中输入问题实现多轮聊天对话，多轮对话测试内容及回复结果如图 1-16 所示。可以看出，三轮对话总共耗时 50s，基于 LangChain 模型具备上下文的记忆，能够根据历史问题给出更加合理的回复。

```
你好

你好,有什么我可以帮助你的吗？

你是谁？

我是一个聊天机器人,由清华大学 KEG 实验室和智谱 AI 公司开发。

我刚刚问了什么？

你问我是谁。
```

图 1-16　多轮对话测试内容及回复结果

案例 1.1 与 1.2 可以进一步合并为一个项目，即通过大语言模型辅助虚拟数字人完成实时的人机交互，实时对话虚拟数字人框架如图 1-17 所示。该项目对模型算力要求较高，AI

Studio 对单个普通用户提供的算力资源有限,读者可以尝试通过多用户协作的方式实现上述实时对话虚拟数字人的应用。此外,对虚拟数字人或 LLM 感兴趣的读者,可直接通过讯飞智作提供的虚拟人生态开放实验平台尝试制作数字人及大语言模型(相关链接详见前言二维码)。

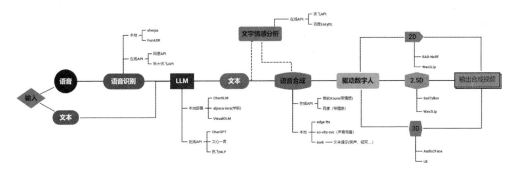

图 1-17 实时对话虚拟数字人框架

信息技术基础

【实验目的】

在实验 1 的前沿案例中,所涉及的虚拟数字人与大语言模型都是信息技术的最新应用产物,而信息技术的应用离不开一系列计算机应用程序的支持,本节将通过案例介绍本书所需要使用的几个常见计算机软件的安装过程,达到以下目的:

(1) 掌握计算机软件的下载、安装和卸载方法。

(2) 掌握基本的文件管理和操作方法。

(3) 完成本书内容相关常用软件的安装,为后续学习做准备。

【实验环境】

(1) 台式计算机或笔记本计算机,接入 Internet。

(2) Windows 10 中文旗舰版。

【实验内容】

(1) 下载并安装压缩/解压缩软件 WinRAR。

(2) 安装与卸载大数据分析工具软件 Python。

(3) 下载并安装常用办公软件 Microsoft Office 2016 专业增强版。

(4) 安装和配置百科园通用考试系统客户端软件。

 ## 2.1　WinRAR 的下载和安装

文件或文件夹的压缩是一种常用的文件管理技术。压缩文件或文件夹有如下几个主要优点:

(1) 节省存储空间。压缩文件或文件夹可以减少文件的大小,从而节省存储空间,也提高了文件在网络中的传输效率。

(2) 方便文件传输。当多个零碎且类型不一的文件需要传输时,可以将其放在同一文件夹中,并将其打包压缩成一个文件,方便传输共享。

(3) 保护文件。压缩文件或文件夹时可以通过设置密码等方式对文件进行保护,防止他人未经授权访问和修改,增加文件的安全性。

WinRAR 是一个功能强大的压缩文件管理工具,它能备份数据,减少文件的大小,解压缩从 Internet 上下载的 RAR、ZIP 和其他格式的压缩文件,并能创建 RAR 和 ZIP 格式的压缩文件。

下面介绍 WinRAR 的安装过程。

【实验步骤】

(1) WinRAR 的下载。

在浏览器 URL 中输入该软件的官方下载地址(地址详见前言二维码),如图 2-1 所示。根据操作系统的类型(本实验中对应的是 Windows)和版本(32 位或 64 位),选择对应的安装文件并下载到本地计算机中。

图 2-1　在 WinRAR 官方网站下载安装文件

(2) WinRAR 的安装。

① 在浏览器底部的状态栏中找到下载完成的文件对应的图标,单击其右边的展开图标,选择"在文件夹中显示"命令,如图 2-2 所示。也可以打开"文件资源管理器"或"此电脑"窗口,通过导航窗格在存放下载安装程序的文件夹中找到安装程序文件。

图 2-2　选择"在文件夹中显示"命令

② 双击启动安装程序,如图 2-3 所示。

③ 启动安装向导,在打开的窗口中的"目标文件夹"文本框中输入安装程序的路径,也可以单击"浏览"按钮进行选择,还可以不修改默认的安装路径,直接单击"安装"按钮开始安装,设置安装路径如图 2-4 所示。

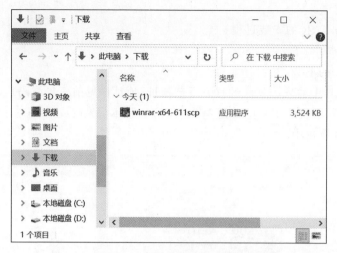

图 2-3 双击启动安装程序

图 2-4 设置安装路径

④ 在选项控制界面中设置 WinRAR 关联的文件类型,以及可执行文件的链接位置,此处勾选"添加 WinRAR 到桌面"复选框,以创建该程序的桌面快捷方式,单击"确定"按钮,设置关联文件类型如图 2-5 所示。

⑤ 单击"完成"按钮,如图 2-6 所示。

⑥ 安装完成后,桌面上出现了 WinRAR 程序图标,如图 2-7 所示。双击该图标即可运行软件。

(3) 用 WinRAR 压缩文件或文件夹。

下面以一份要提交的实验报告为例,说明文件压缩的步骤。

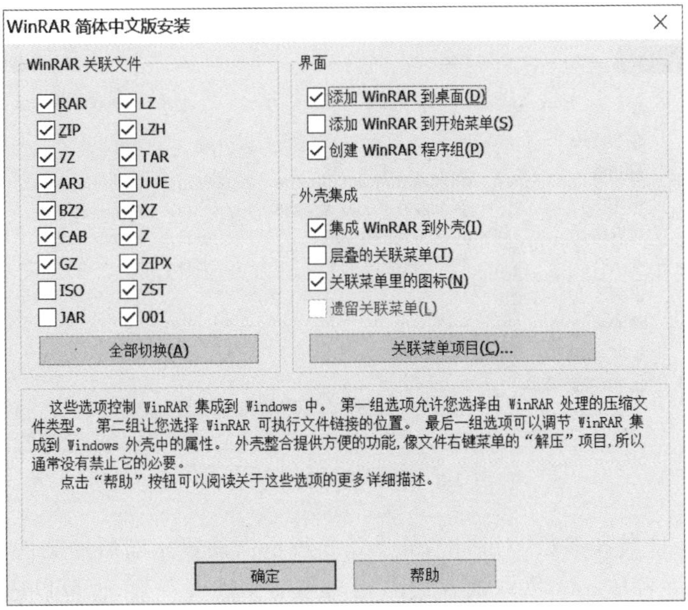

图 2-5 设置关联文件类型

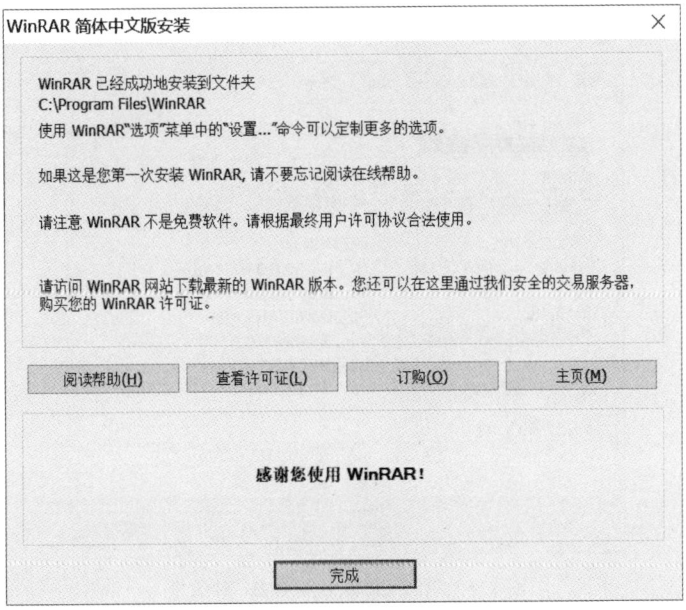

图 2-6 完成安装

图 2-7 WinRAR 程序图标

① 确定要打包压缩的文件,将其放在同一文件夹下,如图 2-8 所示。
② 回到文件夹所在目录,选中文件夹,右击,在弹出的快捷菜单中选择"添加到压缩文件"

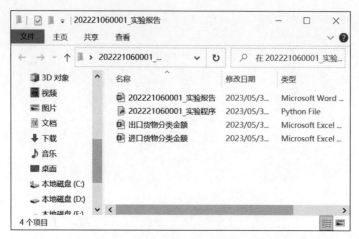

图 2-8 待打包压缩的文件夹

命令,弹出"压缩文件名和参数"对话框,如图 2-9 所示。设置压缩后的文件名,默认的文件名与文件夹同名,扩展名是.rar,默认的存放路径与当前文件夹一致,也可以通过单击"浏览"按钮,在弹出的对话框中修改压缩文件的存放路径。单击"设置密码"按钮可以用来为压缩文件设置密码。单击"确定"按钮完成压缩。

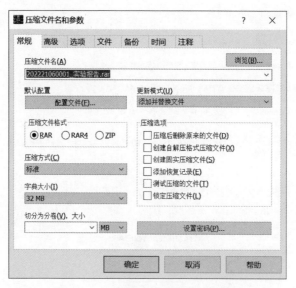

图 2-9 "压缩文件名和参数"对话框

(4) 用 WinRAR 解压缩文件。

选中待解压文件后右击,在弹出的快捷菜单中选择"解压到当前文件夹"或"解压到指定文件目录"命令,即可完成解压缩。

2.2 Python 的安装与卸载

Python 是一门跨平台、开源、免费的解释型高级动态通用编程语言,其广泛应用于人工智能、数据分析与挖掘、数据可视化等方面。目前,Python 的开发环境很多,本节介绍利用

Python 官方网站提供的安装包搭建 Python 的开发环境。

【实验步骤】

（1）Python 安装包的下载。

在浏览器 URL 中输入 Python 的官方下载地址（地址详见前言二维码），如图 2-10 所示。

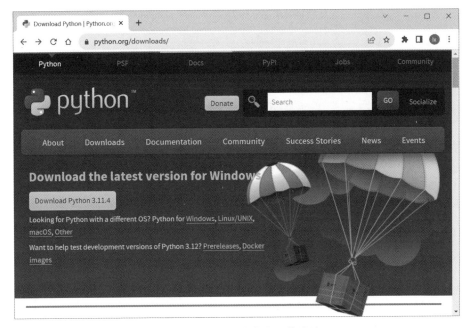

图 2-10　Python 的官方下载地址

该页最上面显示的是可供下载的 Python 最新版本。此处，针对当前操作系统的版本配置单击超链接 Windows，选择 Python 3.11.4 版本 Windows 64 位的安装文件，单击超链接 Windows installer(64-bit)进行下载，如图 2-11 所示。

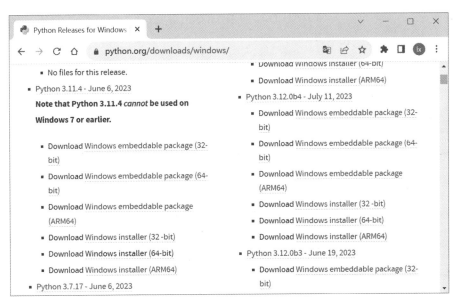

图 2-11　下载对应版本的 Python 安装文件

(2) Python 的安装。

双击运行下载好的安装文件 python-3.11.4-amd64，弹出安装向导对话框，如图 2-12 所示。

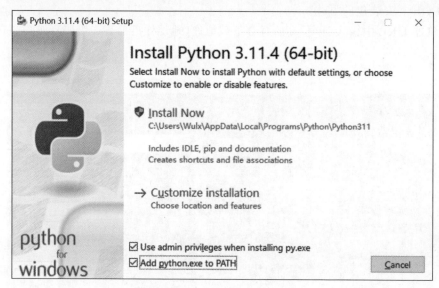

图 2-12　Python 安装向导对话框

此处勾选 Add python.exe to PATH 复选框，将 python.exe 文件添加到系统路径下，这样在系统自带的 CMD 窗口中可直接执行 Python 相关命令。

单击 Install Now 按钮进行典型安装，系统将按默认路径进行安装，或者单击 Customize installation 按钮进行自定义安装，设置相关选项功能，以及修改安装路径，如图 2-13 和图 2-14 所示。

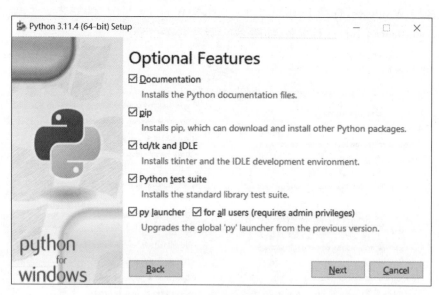

图 2-13　选项功能设置

单击 Install 按钮完成安装。

在 Windows 下按 Win + R 组合键打开运行窗口，输入 cmd 并按 Enter 键打开命令提示

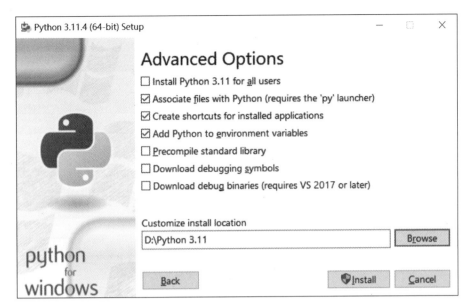

图 2-14　高级选项和路径设置

符窗口,输入 python 后按 Enter 键,这时将出现 Python 的版本号等信息,以及 Python 交互式命令行提示符,如图 2-15 所示,表示 Python 已经安装成功。

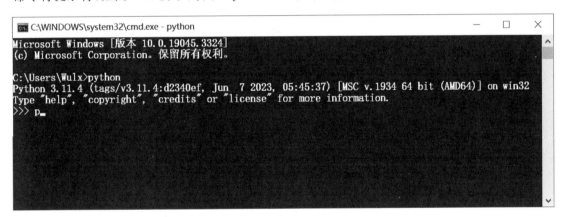

图 2-15　在命令行提示符下运行 Python

(3) Python 的卸载。

对于不再使用的程序,可以进行卸载,从而删除程序文件和文件夹,以及从注册表中删除相关数据,释放存储空间。下面以 Python 为例,说明其卸载操作。

方式一:单击"开始"按钮打开"开始"菜单,选择"设置"命令,弹出"设置"对话框,在"应用和功能"选项卡下找到要卸载的应用程序,此处选择"Python 3.9.9 (64-bit)",在弹出的菜单中选择"卸载"命令即可完成卸载操作,如图 2-16 所示。

方式二:单击"开始"按钮打开"开始"菜单,在弹出的应用程序中找到要卸载的程序"Python 3.9 (64-bit)",右击鼠标,在弹出的快捷菜单中选择"卸载"命令,如图 2-17 所示。随后在弹出的"控制面板"→"程序"→"程序和功能"窗口中,继续选择要卸载的程序"Python 3.9.9 (64-bit)",右击,在弹出的快捷菜单中选择"卸载"命令,如图 2-18 所示,即可完成卸载。

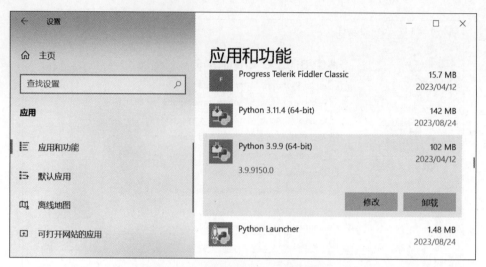

图 2-16 在"设置"窗口中卸载程序

图 2-17 在"开始"菜单中选择要卸载的程序

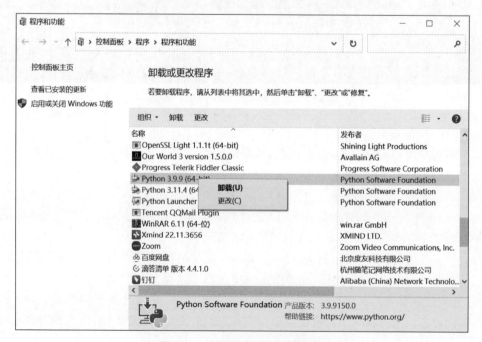

图 2-18 在控制面板中卸载程序

2.3 Microsoft Office 2016 的安装

Microsoft Office 是由微软公司开发的办公软件套装，是快速高效地进行信息处理时必不可少的工具，目前有 Microsoft Windows、Mac 系列、iOS 和 Android 等不同系统的版本。本节介绍 Windows10 下 Microsoft Office 2016 专业增强版的安装过程。

【实验步骤】

（1）Microsoft Office 2016 专业增强版的下载。

Microsoft Office 2016 专业版可以通过微软提供的 Office 官方网站下载并获取其激活资格（地址详见前言二维码）。除此之外，也可以通过国内部分机构、高校提供的正版软件资源平台获取（可能需要接入相关机构、高校的内部网络并使用账号进行认证），以中南财经政法大学正版软件资源库为例，在浏览器 URL 中输入该平台 Office 2016 软件下载页面地址详见前言二维码，根据操作系统版本选择 32 位或 64 位下载 Microsoft Office 2016 专业增强版安装包。

（2）Microsoft Office 2016 专业增强版的安装。

① 双击下载得到的安装镜像文件，打开 Microsoft Office 2016 专业版安装包，如图 2-19 所示。

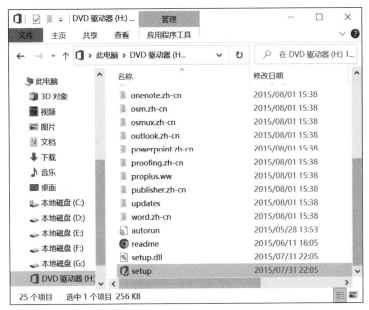

图 2-19　打开 Microsoft Office 2016 专业版安装包

② 双击打开 setup 文件，打开安装向导窗口，弹出"阅读 Microsoft 软件许可条款"对话框，如图 2-20 所示。

③ 勾选"我接受此协议的条款"复选框，单击"继续"按钮，弹出"选择所需的安装"对话框，如图 2-21 所示。

④ 选择所需的安装方式，"立即安装"即典型安装方式，将按系统默认的方式安装组件以及确定安装路径，"自定义"将由用户确定需要安装的组件、安装的路径以及用户信息的设置，如图 2-22～图 2-24 所示。此处，单击"自定义"按钮。

图 2-20　Microsoft Office 2016 专业增强版许可证条款

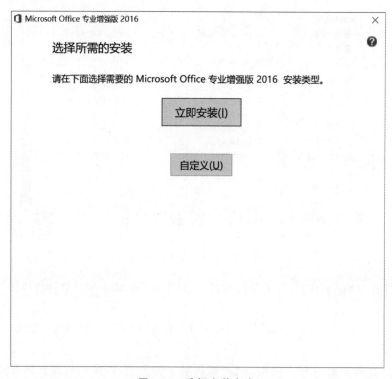

图 2-21　选择安装方式

图 2-22 自定义安装组件

图 2-23 自定义文件安装路径

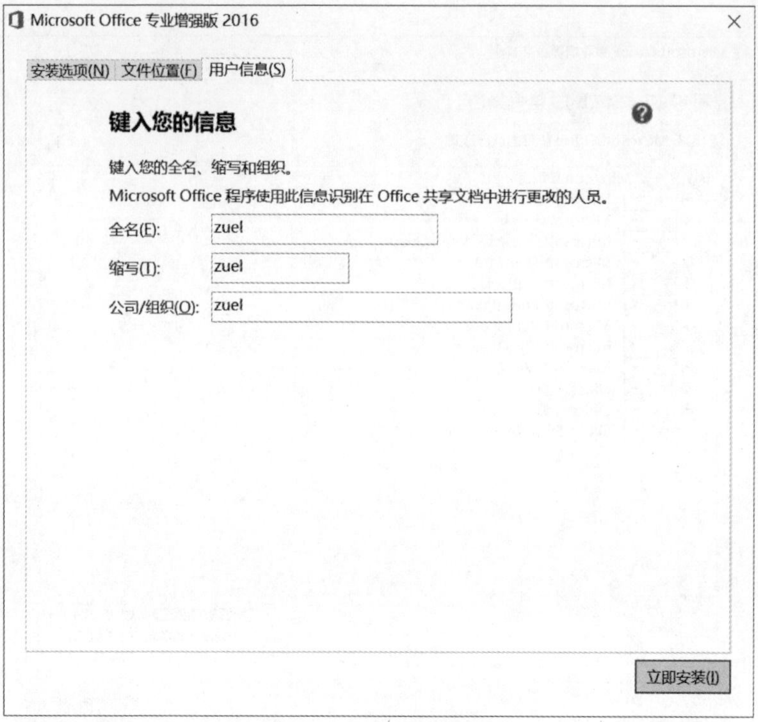

图 2-24　自定义用户信息

⑤ 确定好安装方式后,单击"立即安装"按钮,将弹出"安装进度"对话框并显示安装进度条,直至安装完成,如图 2-25 和图 2-26 所示。

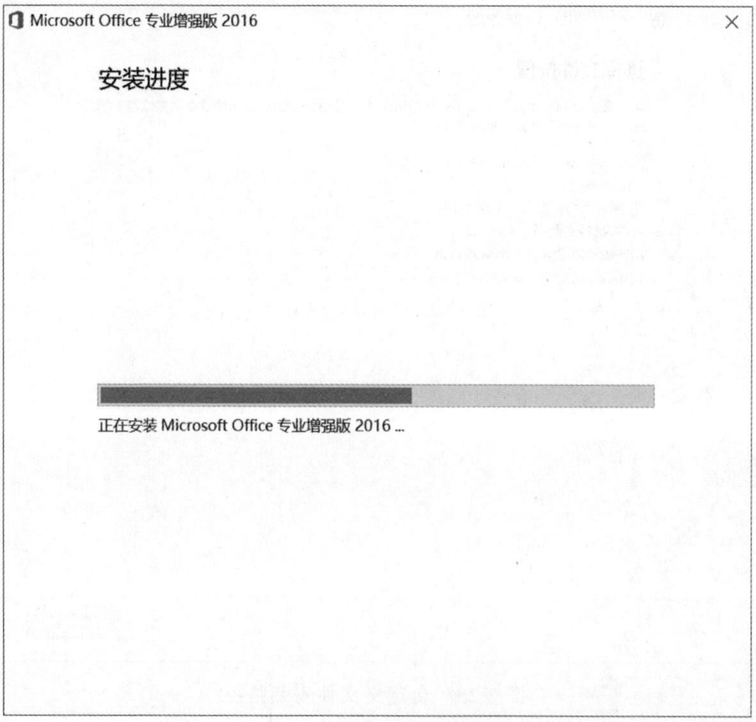

图 2-25　"安装进度"对话框

图 2-26 安装完成

⑥ 单击"关闭"按钮，Microsoft Office 2016 专业增强版安装完成。

(3) Microsoft Office 2016 专业版的激活。

打开 Microsoft Office 2016 专业版任意组件，此处打开 Word 2016，新建一个空白文档。在"文件"下拉菜单中单击"账户"按钮，可以看到当前 Office 产品信息，如图 2-27 所示。

单击"更改产品密钥"链接，弹出"输入您的产品密钥"对话框，如图 2-28 所示。此处输入从官方网站购买或通过所属机构或高校获取的合法密钥，单击"继续"按钮即可激活该产品。

图 2-27 尚未激活的产品信息

图 2-28 "输入您的产品密钥"对话框

激活后的产品信息将显示为激活状态,如图 2-29 所示。

图 2-29 已激活的产品信息

2.4 百科园通用考试客户端的安装与配置

百科园通用考试客户端是一款专业实用的专为学校制作的在线考试系统。用户可以通过该客户端软件获取服务器数据,轻松地在计算机上进行计算机相关知识的学习与考试,帮助进行评分及试题分析。

【实验步骤】

(1) 百科园考试客户端的安装。

打开安装文件所在文件夹,双击运行文件 考试客户端_安装包[2019.11.12.1400] ,弹出"百科园通用考试客户端安装向导"对话框,如图 2-30 所示。

单击"下一步"按钮,弹出"许可协议"对话框,如图 2-31 所示。

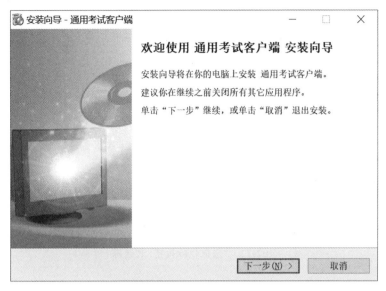

图 2-30 "百科园通用考试客户端安装向导"对话框

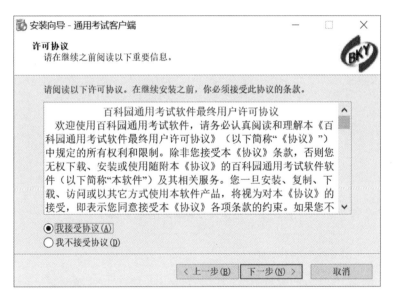

图 2-31 "许可协议"对话框

选择"我接受协议"单选按钮,单击"下一步"按钮,弹出"选择目标位置"对话框设置客户端程序安装目标位置,如图 2-32 所示。

单击"下一步"按钮,弹出"选择开始菜单文件夹"对话框,如图 2-33 所示。

单击"下一步"按钮,弹出"选择附加任务"对话框,勾选"创建桌面图标"复选框,为应用程序创建桌面图标,如图 2-34 所示。

单击"下一步"按钮,弹出"准备安装"对话框,如图 2-35 所示。核对之前的设置无误后,再单击"安装"按钮,将开始正式安装。

安装完成后将弹出"安装完成"对话框,如图 2-36 所示。单击"完成"按钮,将会首次运行客户端程序,并弹出"服务器地址配置"对话框,如图 2-37 所示。

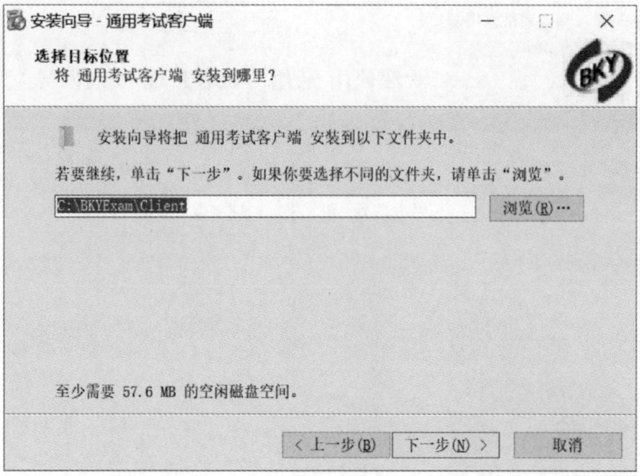

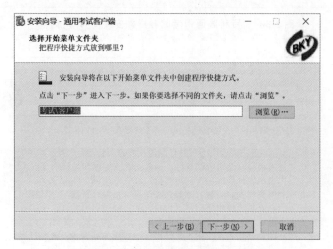

图 2-32 "选择目标位置"对话框

图 2-33 "选择开始菜单文件夹"对话框

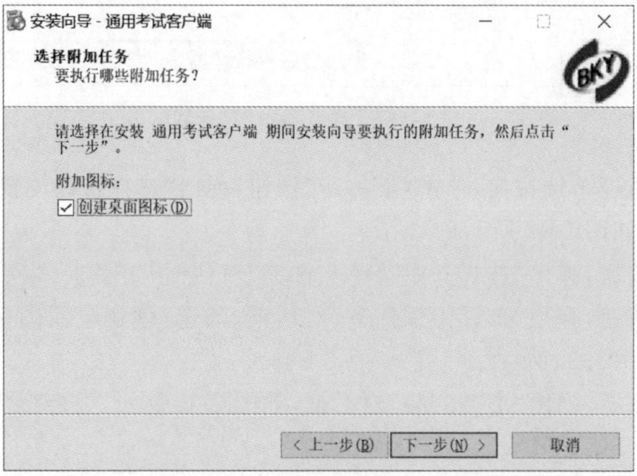

图 2-34 "选择附加任务"对话框

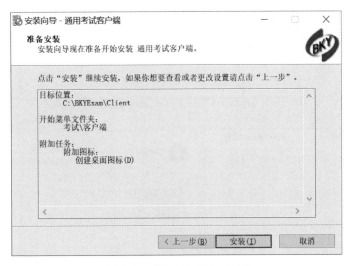

图 2-35 "准备安装"对话框

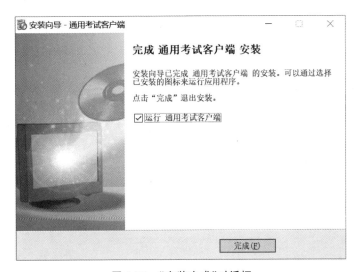

图 2-36 "安装完成"对话框

（2）配置与考试服务器的连接。

在"考试服务器"一栏，输入服务器 IP 地址。一般而言，使用百科园通用考试客户端的各大高校会为相应的课程构建服务器，并配置独立的服务器 IP 地址。此处以中南财经政法大学"大数据分析导论"课程为例，输入课程服务器 IP 地址：10.175.0.240（该地址仅供该校内网使用），并单击"测试连接"按钮，若弹出"连接成功"提示对话框，则表示配置成功，如图 2-37 所示。单击"确定"按钮，退出配置界面，接下来通过双击桌面快捷方式或选择"开始"命令即可正常启动百科园考试客户端程序。

（3）百科园考试客户端的登录。

在桌面双击"考试客户端"快捷方式图标，进入考试系统终端登录界面，输入学号登录即可开始使用，如图 2-38 所示。

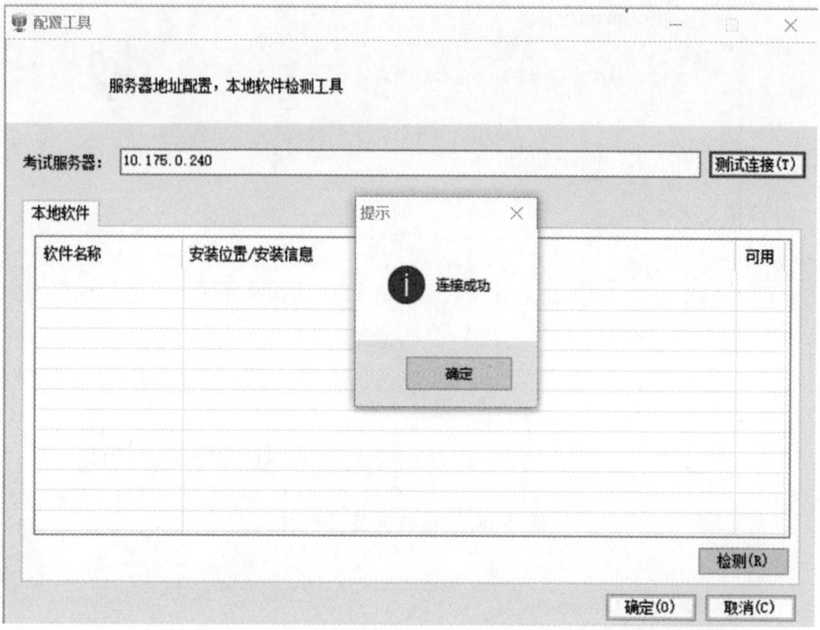

图 2-37 "服务器地址配置"对话框和"连接成功"提示对话框

图 2-38 百科园考试系统客户端登录界面

实验 3

利用AI Studio平台构建Python项目

【实验目的】

AI Studio 是集成了大数据和人工智能的云计算平台,该平台集合了 AI 教程、AI 项目工程、各领域经典数据集、云端的超强算力及存储资源,以及比赛平台和社区。在 AI Studio 平台上运行 Python 实验项目,只需要通过浏览器登录 AI Studio 平台,不需要自己安装和配置 Python 编程环境,简单方便。此外,AI Studio 平台还提供了大量大数据及人工智能相关课程,内含丰富的学习资源及项目案例。本书所涉及的 Python 相关的实验项目都通过 AI Studio 实验平台进行共享、发布,在实验 1 中,已经对 AI Studio 项目的创建和使用方法进行了简要介绍,本实验案例将具体介绍 AI Studio 平台工具的使用方法和操作步骤,达到以下目的:

(1) 掌握 AI Studio 基本操作。
(2) 掌握 AI Studio 课程加入和课程学习的操作方法。
(3) 掌握 AI Studio 创建和运行 Python 项目。

【实验环境】

中文 Windows 10 及更高版本,浏览器,AI Studio 网站。

【实验内容】

(1) 学习加入 AI Studio 课程,查看并运行 AI Studio 课程中的实验项目。
(2) 用 AI Studio 新建项目,并在项目中构建和运行 Python 代码。

【实验素材】

本实验案例素材已通过百度 AI Studio 平台项目公开共享,链接详见前言二维码。

3.1 使用 AI Studio 课程实验项目

【实验要求】

登录 AI Studio 平台,学习加入 AI Studio 课程,查看并运行 AI Studio 课程中的实验项目。

【实验步骤】

(1) 加入 AI Studio 课程。具体操作步骤如下。

① 使用浏览器登录百度 AI Studio 平台。平台网址详见前言二维码。登录账号为百度账

号(与实验1中登录百度智能云平台的账号相同),如百度搜索、百度贴吧、百度云盘、百度知道、百度文库等账号都可以直接登录。

② 进入"我的课程",如图 3-1 所示,单击"课程"→"我的课程"按钮,进入个人课程页面。

图 3-1　进入"我的课程"

③ 个人课程页面如图 3-2 所示,在该页面中可通过单击个人头像旁边的"编辑"按钮来修改个人信息,单击"加入新课程"按钮,在弹出的"填写课程信息"对话框中填写课程邀请码、姓名、学号等信息(一般由课程管理员或教师提供),"填写课程信息"对话框如图 3-3 所示,单击"提交"按钮加入课程。成功加入课程后,弹出如图 3-4 所示的对话框。

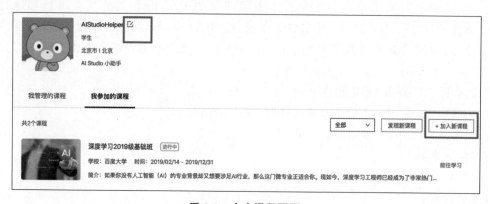

图 3-2　个人课程页面

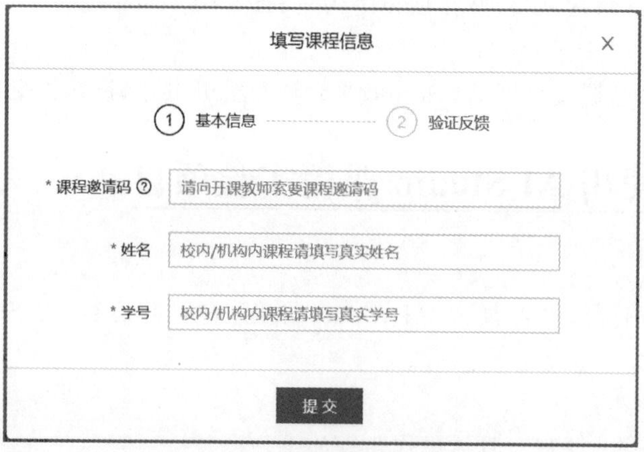

图 3-3　"填写课程信息"对话框

实验3　利用AI Studio平台构建Python项目

图 3-4　成功加入课程对话框

(2) 进行项目学习。

① 单击图 3-4 中的"进入我的课程"按钮，进入课程主页，如图 3-5 所示。成功添加课程后，后续要进入课程均可在图 3-1 所示的课程页面中单击"我的课程"按钮，进入课程主页。进入课程主页后，单击左侧导航栏可以快速查看课节、作业、考试、课程介绍和教师简介等内容。

图 3-5　课程主页

② 在图 3-5 中，单击"课节 1：第 2 章大数据分析工具"的第一个项目，即可进入该项目的学习页面，如图 3-6 所示。在项目学习页面，单击"启动环境"按钮，自动弹出"选择运行环境"对话框，如图 3-7 所示。

图 3-7 中，运行环境默认为"CPU 基础版"，表示该学习项目将在本地硬件环境中运行，页面右侧给出了本地环境配置。如图 3-8 所示，如果选择"高级 GPU（V100 16GB）"选项，那么项目就运行在云端，也就是由云端的 GPU 和 CPU 计算环境来负责运行。云端 CPU 和 GPU 的配置在页面右侧，其中 GPU 为 Tesla V100，显卡内存为 16GB。注意，一般的学习项目均只涉及 Python 基础知识，可以选择默认的"CPU 基础版"选项，对于需要大量计算资源的学习项目，需要选择高级 GPU 环境（如实验 1 中的虚拟数字人和大语言模型项目）。虽然 GPU 环境是收费的，但是如果每天在 AI Studio 平台学习并运行项目，那么就可以获得每日 8 点 GPU 的免费额度。

图 3-6　项目学习页面

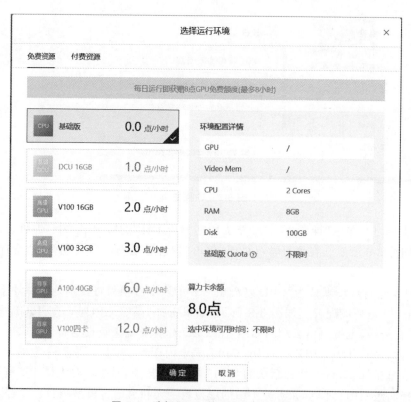

图 3-7　选择"CPU 基础版"运行环境

实验3 利用AI Studio平台构建Python项目

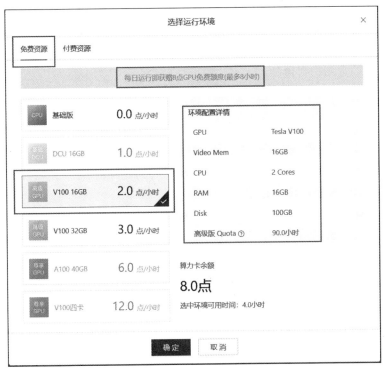

图 3-8　选择"高级版"运行环境

③ 选择"CPU 基础版"运行环境,单击"确定"按钮。开始启动本地项目环境,启动成功后进入该学习项目的运行页面,如图 3-9 所示。

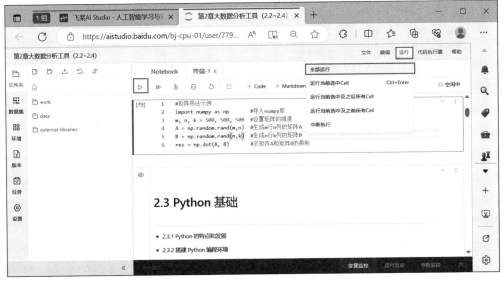

图 3-9　项目运行页面

④ 选择图 3-9 右上角的"运行"→"全部执行"子菜单选项,即可将该学习项目从头到尾全部运行一遍。项目运行结果显示在代码单元格下方。

AI Studio 项目的运行环境为 Jupyter Notebook(后简称 Notebook)。Notebook 是一个集说明性文字、数学公式、代码和可视化图表于一体的网页版的交互式 Python 语言运行环境。

即 Notebook 允许用户把所有与程序代码相关的文本、图片、公式，以及程序段运行的中间结果全都结合在一个 Web 文档里面，还可以轻松地修改和共享。

Notebook 环境中包括代码单元格和标签单元格，分别称为 code 和 Markdown。对 Notebook 单元格的常用操作包括：

- 添加或修改标记单元格内容。通过单击图 3-9 中的"＋Markdown"按钮即可在当前选中的单元格后面添加一个新的标记单元格。对于已有的标记内容进行修改时，只需要单击单元格开始的眼睛符号，就可以对标记内容进行修改。
- 添加或修改代码单元格内容。通过单击图 3-9 中的"＋Code"按钮即可在当前选中单元格后面添加一个新的代码单元格。对于已有的代码内容进行修改时，只需要把鼠标放在该代码单元格中即可修改。
- 运行当前选中代码单元格内容。因为 Notebook 是交互式运行环境，所以可以随时运行任何一个单元格的内容。通过 Ctrl＋Enter 组合键即可运行当前选中单元格内容；也可以通过左上角的工具按钮来运行，当鼠标放到工具按钮上时，会显示出该工具按钮的相关说明。
- 其他操作。单击每个单元格右侧的三竖点按钮 ⋮，可以在弹出的菜单中对单元格进行转换、上下移动以及删除操作。

⑤ 返回课程主页，此时课程学习页面如图 3-10 所示，已经学习过的项目会变成"已学习"状态。"已学习"状态的项目可以选择"继续学习"或"重新学习"。

选择"重新学习"会弹出如图 3-11 所示的对话框。若单击"确认"按钮，学习者所有运行并修改的项目内容将被还原，项目内容将恢复至教师发布的初始化版本。另外，如果教师对已有的学习项目进行了更新或删除，课程页面上会同步显示，学习者也可以同步更新或删除掉该学习项目。

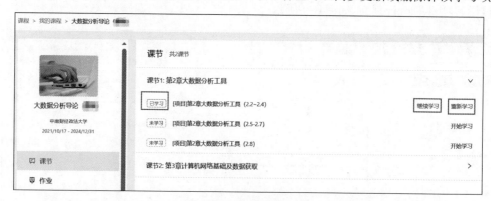

图 3-10 课程学习页面

图 3-11 选择"重新学习"弹出的对话框

3.2 使用 AI Studio 新建项目

【实验要求】

登录 AI Studio 平台，在 AI Studio 平台上新建项目，编写 Python 代码并查看运行结果。

【实验步骤】

在 AI Studio 平台上创建和运行 Python 程序，只需要通过浏览器登录 AI Studio 平台创建项目，不需要自己安装和配置 Python 编程环境，简单方便。操作步骤如下：

（1）进入 AI Studio 项目页面。

① 使用浏览器登录 AI Studio 平台。按照与 3.1 节所述相同的方式登录。

② 单击 AI Studio 左上角的"项目"按钮，打开如图 3-12 所示的项目页面。AI Studio 中 Python 代码以项目形式存放，平台将项目分成了 4 类：公开项目、推荐项目、我的项目和我喜欢的。"公开项目"和"推荐项目"是开放给用户学习和使用的，只需要通过"fork 操作"即可将"公开项目"保存为"我的项目"，即在"我的项目"中建立了一个该项目的副本，可以供用户自行学习和使用。"fork 操作"可以通过单击图 3-12 中最末行方框中的按钮来完成。若单击项目右侧的心形按钮，则不会建立该项目的副本，而是将该项目链接放入"我喜欢的"项目列表中。

图 3-12 AI Studio 项目页面

（2）创建 AI Studio 项目。

如要创建新的项目，则单击"创建项目"按钮，弹出如图 3-13 所示的"创建项目"对话框。创建项目包括 3 个步骤：选择类型、配置环境、项目描述。具体操作如下：

① 默认选择 Notebook 项目，单击"下一步"按钮。

② 选择更精简的"AI Studio 经典版"项目环境，如图 3-14 所示，单击"下一步"按钮。AI Studio 经典版是基于 Jupyter Notebook 架构的，而 BML Codelab 是基于全新的 JupyterLab 架构，除了包括 Jupyter Notebook 的架构外，还增加了很多新的特性。

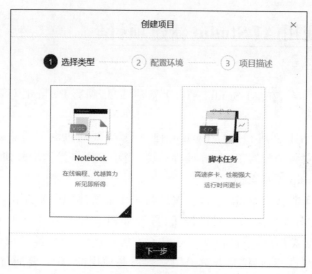

图 3-13 "创建项目"类型选择

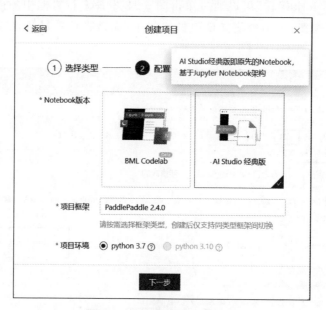

图 3-14 "创建项目"配置环境

③ 填入项目名称和项目描述信息,如图 3-15 所示,选择项目标签为"初级",项目环境默认选择为"python 3.7",单击"创建"按钮开始启动项目,选择本地运行环境,启动成功后进入项目 Notebook 页面,如图 3-16 所示。如图 3-16 所示,新建的 Notebook 页面包括两个代码单元格和一个标签单元格。前面两个代码单元格分别是用"!"表示的命令,分别用于查看项目中的工作文件和数据文件。

注意,如果项目中需要使用数据集,可以在"创建项目"对话框中通过图 3-15 中的"添加数据集"和"创建数据集"按钮来完成。其中,"添加数据集"表示添加平台中已有的公开数据集或个人数据集;"创建数据集"表示创建一个新的个人数据集。数据集不是必须要添加的项,没有数据集可以不用添加。

实验3 利用AI Studio平台构建Python项目

图 3-15 "创建项目"项目描述

图 3-16 项目 Notebook 页面

（3）编辑项目内容。

① 在 Notebook 页面添加该项目的说明性信息。选中最下方单元格，单击"＋Markdown"按钮添加一个标签单元格，输入"简单猜数字游戏。该代码实现一个简单的猜数字游戏，程序会随机生成一个1到100之间的整数，为目标数字。用户需要不断输入猜测的数字，直到猜中为止。每次猜完后，程序会告诉用户猜测的数字是大于还是小于目标数字，并提示用户继续猜测。"

然后对标签单元格进行适当的格式编辑。在如图 3-17 所示的标签单元格中，首先选中标题文字，然后单击格式编辑按钮中的"H"，设置为标题格式。单击格式单元格左上角的按钮，可以在编辑状态和显示状态之间进行切换。关于标签单元格第一行的其他格式按钮，读者有需要可以尝试其对应功能并进行设置。

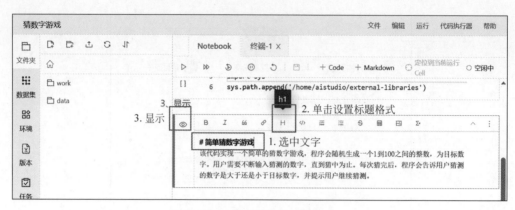

图 3-17 编辑标签单元格格式

② 在 Notebook 页面添加代码单元格并运行代码。选中最下方单元格，单击"＋Code"按钮添加一个代码单元格，粘贴由大语言模型生成的猜数字游戏 Python 代码，如图 3-18 所示。

图 3-18 添加单元格并执行

③ 单击"运行"按钮运行该单元格代码，运行结果显示在单元格下方，如图 3-19 所示。用户需要根据提示不断在输入框中输入猜测的数字直到猜中或达到最大次数（10 次）。实际上，若不使用任何策略 10 次之内很难猜中结果，若要让游戏变得简单，可以采用计算思维中的二分法。

计算思维（Computational Thinking）是由周以真（Jeannette M. Wing）教授在 2006 年提出的，是计算机在求解问题时的思维过程。二分法是一种基本的计算思维，它是一种在有序数组中查找特定元素的算法，通常用于解决一些需要快速定位的问题，例如在排序问题中查找某个元素的位置、在搜索问题中查找某个关键字等。注意，二分法的前提为搜索的空间为有序

实验3　利用AI Studio平台构建Python项目

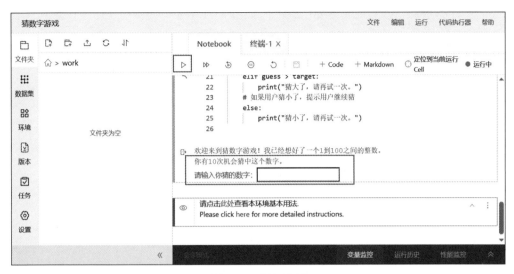

图 3-19　运行结果

的。猜数字相当于是在 0 到 100 之间的整数中查找一个与目标数字匹配的数字，搜索空间是有序的，因此可以用二分法来加快猜测过程。

二分法查找的基本思想是将待查找的区间分成两个子区间，然后根据目标值与中间值的大小关系来缩小搜索范围，直到找到目标值或者确定它不在任何子区间中。这种方法的时间复杂度为 $O(\lb n)$，因此在处理大规模数据时非常高效。例如，100 个有序数字的查找次数最多为 $\lb 100$（约等于 6.64），那么 1 到 100 之间的猜数字游戏使用二分法最多仅需要猜测 7 次。

玩猜 1 到 100 之间的数字游戏时，首先猜处于中间的数字 50，如果大了一点，那么接着猜 25；如果小了一点，那么接着猜 75；依次类推，一次完整的猜测过程如图 3-20 所示。

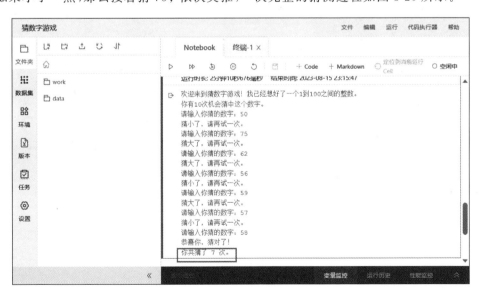

图 3-20　一次完整的猜数字游戏过程

④ 保存并退出运行环境。关闭 Notebook 页面后，新建的项目将保存在云端，可以通过单击"我的项目"按钮来查看和编辑，还可通过单击"文件"下拉菜单将编辑好的 Notebook 导出

为其他的文件类型，如 py 文件和 html 文件等，如图 3-21 所示。

图 3-21　将 Notebook 导出为其他类型文件

⑤ 因为该项目运行在云端，为了避免资源浪费，还需要在项目主页面将该项目停止运行，如图 3-22 所示，单击"停止"按钮，并确认停止这个运行中的项目。

图 3-22　停止运行项目

实验 4

利用大语言模型自动生成Python代码

【实验目的】

在实验1中,已经对大型语言模型(LLM)进行了简要介绍和应用,LLM是一种机器学习模型,它通过学习大量文本数据来生成和理解自然语言文本,这些数据涵盖了各种语言和领域,包括互联网、新闻、社交媒体、科学文献等。通过学习这些数据,LLM可以生成流畅自然的文本,并理解自然语言中的含义和语境。LLM的主要特点在于其巨大的参数量和训练数据量,这使得它们能够处理复杂的自然语言任务。LLM的主要目的是生成自然语言文本,例如文章、对话、电子邮件等。它们还可以用于自然语言理解任务,例如文本分类、机器翻译、语音识别、情感分析等。

2022年11月底,美国人工智能公司Open AI推出了对话模型ChatGPT,其中GPT即"生成型预训练变换模型"(Generative Pre-trained Transformer),简单来说,就是一个根据用户输入的文本,自动生成回复内容的全新语言模型。与传统的聊天机器人不同,ChatGPT是一种"创作型"语言模型,也就是AIGC(Artificial Intelligence Generated Content,生成式AI)。用户与ChatGPT之间的对话互动包括普通聊天、信息咨询、撰写诗词作文、修改代码等。功能如此"全面"的ChatGPT被称作"最强AI(人工智能)",面世5天便已有超过100万用户使用。微软、亚马逊、谷歌、百度、华为等海内外互联网科技巨头纷纷推出了自己的LLM。目前的LLM有很多,其中一些表现较为优秀的LLM包括OpenAI公司的GPT-4、GPT-3.5,谷歌公司的PaLM,Meta公司的LLaMA,百度的文心一言,科大讯飞的讯飞星火等。2023年8月,清华大学新闻与传播学院发布了《大语言模型综合性能评估报告》,报告选取了GPT-4、ChatGPT 3.5、文心一言、通义千问、讯飞星火、Claude、天工7个LLM,从生成质量、使用与性能、安全与合规三个维度对LLM进行评估。综合性能评估结果如图4-1所示,总得分率最高的是GPT-4,排名第一。百度的文心一言在三大维度综合评分中居国内第一,其中中文语义理解排名第一,部分中文能力超越GPT-4。报告还指出,这些LLM都在不断的发展和优化中,未来可能会有更多的改进和提升。

如今,AI不再只是辅助工具,而是一个专业内容生产者。给它一段文字/语音,就可以获得一个接近专业水平的画作、词曲、代码、论文、设计方案……如果只看成果,甚至分辨不出是人还是程序产出的,因此也引发伦理道德、原创版权等争议。针对这一问题,国内外相关机构和各大互联网巨头开始从模型优化、法规约束等途径需求解决方案。2023年8月31日,百度的文心一言LLM率先向全社会全面开放,用户可以在应用商店下载"文心一言"或登录文心一言官方网站体验。百度通过《文心一言用户协议》和《文心一言个人信息保护规则》,诠释了其对于 AI 大语言模型的合规举措,对于用户而言也能够从中清楚地了解使用该 AI 大语言模型时拥有的权利和可能面临的风险。文心一言的全面开放也标志着国内大语言模型产品应用愈发成熟,可以预见在将来会有越来越多的同类型产品推广上市。

排名	大模型产品	总得分率(加权)	生成质量(70%)	使用与性能(20%)	安全与合规(10%)
1	GPT-4	79.11%	81.44%	71.43%	78.18%
2	文心一言 (v2.2.0)	76.18%	76.98%	72.38%	78.18%
3	ChatGPT 3.5	73.11%	73.03%	74.05%	71.82%
4	Claude (v1.3)	71.48%	73.23%	63.81%	74.55%
5	讯飞星火 (v1.5)	66.67%	66.87%	64.76%	69.09%
6	通义千问 (v1.0.3)	61.35%	59.79%	63.81%	67.27%
7	天工 (v3.5)	61.16%	64.51%	50.48%	59.09%

图 4-1　综合性能评估结果

LLM 可以生成代码,这种技术被称为"代码生成",它利用机器学习算法和自然语言处理技术来自动生成代码。LLM 可以生成多种编程语言的代码,包括 Python、Java、C++、JavaScript 等。其中,Python 是一种流行的高级编程语言,广泛应用于数据科学、人工智能和 Web 开发等领域。许多 LLM 都能够生成 Python 代码,然而,需要注意的是,自动生成的代码可能存在一些问题,例如语法错误、逻辑错误等。因此,在使用自动生成的代码时,需要进行仔细的审查和测试,以确保其质量和可靠性。

本实验将通过 LLM 自动生成 Python 代码的案例,达到以下目的:

(1) 掌握通过简单提问让 LLM 自动生成 Python 代码的方法。

(2) 了解专业的代码生成模型。

【实验环境】

(1) 台式计算机或笔记本计算机,接入 Internet。

(2) Windows 10 中文旗舰版。

(3) Python 3.9 及以上版本。

【实验内容】

(1) 通过 LLM 自动生成简单的 Python 案例代码。

(2) 通过 LLM 辅助学习 Python 语言。

(3) 通过其他专门的代码生成模型自动生成 Python 代码。

【实验素材】

本实验案例素材已通过百度 AI Studio 平台项目公开共享,链接详见前言二维码。

4.1　通过大语言模型自动生成简单的 Python 案例代码

【实验步骤】

在 LLM 交互问答中直接通过自然语言提问生成简单的 Python 代码。许多 LLM 都能够生成 Python 代码。例如文心一言、讯飞星火、天工等。在 LLM 交换问答中提问时,要明确提出问题或需求,确保它足够清晰和具体。提供清晰、明确的问题描述可以让 LLM 更好地理解问题,并能够更准确地回答问题。

实验4 利用大语言模型自动生成Python代码

下面以百度的文心一言LLM为例(文心一言模型已经在2023年8月31日向全社会全面开放,可直接访问其官方链接详见前言二维码使用),提问求解"百钱买百鸡"的问题,操作步骤如下:

(1) 直接输入问题。

问题1用本书配套教材中的"百钱买百鸡"题目直接进行提问,得到的回答如图4-2所示。由图4-2可知,虽然LLM给出了相关的代码,但是代码不符合Python语法规范,这样低质量或不正确的代码后期进行审查和修改也很麻烦。因此,要尽量通过提问技巧获得较为准确的Python代码。

简化后的问题为"请给出百钱买百鸡问题的Python程序",得到的回答如图4-3所示。此时给出的代码语法合乎规范,逻辑也很清晰,并且给出了运行结果。

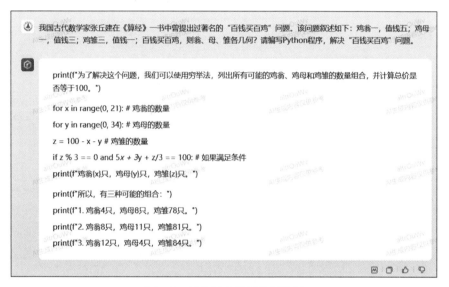

图4-2 使用复杂题目进行提问

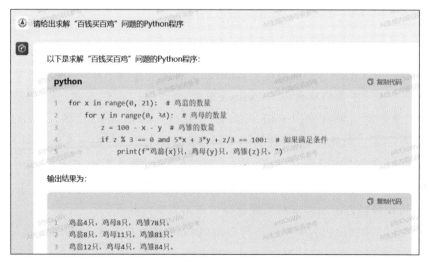

图4-3 使用简洁题目进行提问

因此，提问时要确保问题描述具体、简洁，并且没有歧义。另外，也有一些常用的提问技巧。常用的提问技巧包括：给 LLM 设定身份，添加上下文说明信息，以及对输出内容和格式进行限制等。

（2）提问技巧应用。

首先，给 LLM 设定一个身份，例如开发工程师、大学老师、大学生等。图 4-4 为百度的文心一言新发布的"指令中心"功能界面，包括了各种创意写作、功能写作、编程辅助、生活帮手等不同的需求场景中比较有代表性的指令模板。"指令中心"按钮在文心一言界面右上角，单击该按钮即可打开如图 4-4 所示的网页。图 4-4 中框内文字所示为编程辅助的提问样例，其中就都使用了给 LLM 设定一个身份的方法，通过设定 LLM 的身份为工程师，可以得到更加专业的结果。

图 4-4　文心一言指令中心

其次，添加上下文说明信息，如形容词、副词、介词短语等修饰和限定语，可以获得更加精准的结果。例如，在文心一言对话界面中，分别提出问题 1"请给出几个 Python 编程案例"、问题 2"请给出适合大学生的简单有趣的 Python 案例"和问题 3"现在你是一名资深程序员，请给出几个适合大学生的简单有趣的 Python 案例"，文心一言 LLM 给出的回答分别如图 4-5、图 4-6 和图 4-7 所示。由此可见，通过添加不同的限定语，类似的问题可以得到不同的回答。其中，问题 2 虽然没有指定身份，但是默认的设定是编程教师的身份，读者可以根据自己的需求修改问题进行提问，获得自己需要的结果。另外，这些案例涵盖了不同的 Python 编程概念和技能，读者可以根据自己的需求和兴趣选择这些案例进行练习。

另外，对 LLM 的输出内容和格式进行限制，例如要求 LLM 给出 Python 代码及注释，或者给出修改前后的对比表格等。例如，图 4-8 为问题 4"请给出猜数字游戏的 Python 代码"及回答。图 4-9 为问题 5"请给出带注释的猜数字游戏的 Python 代码"及回答。通过给代码加注释，方便学习和使用者对代码的学习和理解。

请给出几个Python编程案例

当然，以下是一些Python编程案例，以帮助您练习和巩固Python编程技能：

1. 计算两个数的和：

python　复制代码

```
a = 5
b = 10
sum = a + b
print("The sum of", a, "and", b, "is", sum)
```

2. 判断一个数是否为偶数：

python　复制代码

```
number = int(input("Enter a number: "))
if number % 2 == 0:
    print(number, "is an even number.")
else:
    print(number, "is an odd number.")
```

图 4-5　问题 1 及回答

请给出几个适合大学生的简单有趣的Python案例

以下是一些适合大学生练习Python编程的简单且有趣的案例：

1. 猜数字游戏：编写一个Python程序，生成一个1到100之间的随机数，然后让用户猜这个数字。根据用户的猜测，给出提示，直到用户猜中或者用尽所有次数。
2. 打字比赛：编写一个Python程序，模拟一个打字比赛。让用户输入一段文字，然后计算用户输入的速度和准确性，并给出评分。
3. 猜拳游戏：编写一个Python程序，让用户和计算机进行猜拳游戏。用户可以选择出剪刀、石头或布，然后程序根据用户的选择和随机生成的计算机选择进行比较，判断胜负并输出结果。
4. 简单的图形界面：使用Python的Tkinter库，创建一个简单的图形界面程序，例如一个计算器、一个日历或者一个待办事项列表等。
5. 文本冒险游戏：编写一个文本冒险游戏，使用Python的字符串处理功能和条件语句，根据用户的输入来推进故事情节，并在适当的时候给出提示和线索。
6. 简单的数据分析：使用Python的pandas库和matplotlib库，对某个数据集进行简单的数据分析。例如，分析某个股票的历史价格趋势、统计某个班级的考试成绩分布等。
7. 制作简单的动画：使用Python的turtle库，制作简单的动画。例如，画一个螺旋图案、一个移动的圆点或者一个跳跃的小人等。

这些案例既可以帮助大学生练习Python编程技能，又具有一定的趣味性，可以激发他们的学习兴趣。

图 4-6　问题 2 及回答

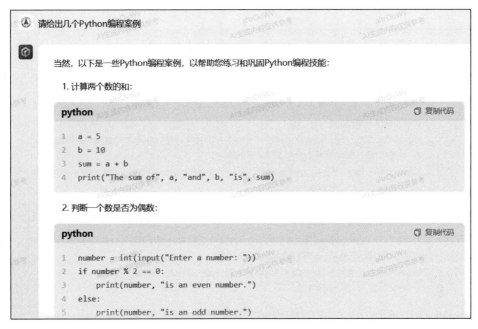

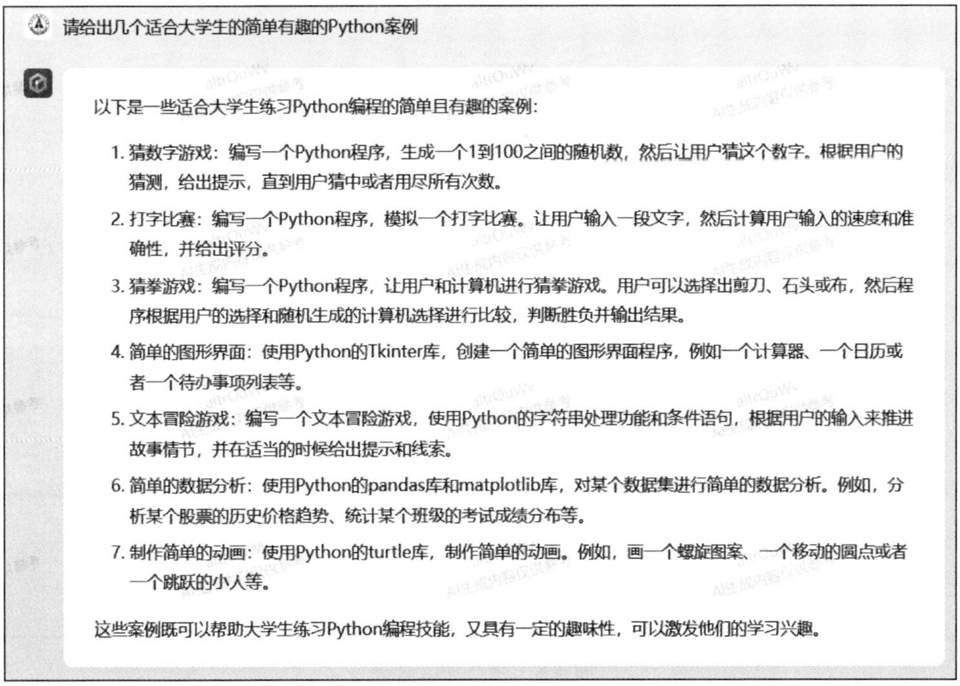

现在你是一名资深程序员，请给出几个适合大学生的简单有趣的Python案例

作为一名资深程序员，以下是一些适合大学生练习Python编程的简单有趣的案例：

1. 贪吃蛇游戏：使用Python的curses库，编写一个简单的贪吃蛇游戏。让用户控制一个蛇，不断吃掉屏幕上的食物，分数不断增加。
2. 打砖块游戏：编写一个Python程序，实现一个简单的打砖块游戏。使用Pygame库创建游戏窗口和游戏对象，让用户用鼠标控制挡板反弹小球，打掉屏幕上的砖块。
3. 简单的小游戏：编写一个简单的小游戏，例如猜数字、石头剪刀布或者黑白棋等。使用Python的随机数生成函数和条件语句，实现游戏的逻辑和界面。
4. 数据处理和分析：使用Python的pandas库和matplotlib库，对某个数据集进行数据处理和分析。例如，分析某个品牌的销售数据、预测未来的销售趋势等。
5. 网络爬虫：使用Python的requests库和BeautifulSoup库，爬取某个网站上的数据，例如天气预报、新闻资讯等。让用户输入关键词，程序自动搜索并爬取相关内容。
6. 简单的Web应用：使用Python的Flask或Django框架，创建一个简单的Web应用。例如，一个在线商店、一个博客或者一个问卷调查系统等。

这些案例可以帮助大学生巩固Python编程技能，同时也能够激发他们的创造力和想象力。

重新生成

图 4-7　问题 3 及回答

请给出猜数字游戏的Python代码

以下是一个简单的猜数字游戏的Python代码：

python　复制代码

```python
import random

def guess_number():
    number = random.randint(1, 100)
    guesses = 0
    while True:
        user_guess = input("请输入你猜的数字（1-100）：")
        guesses += 1
        if user_guess.isdigit():
            user_guess = int(user_guess)
            if user_guess == number:
                print("恭喜你，猜对了！你用了", guesses, "次猜中了数字")
```

图 4-8　问题 4 及回答

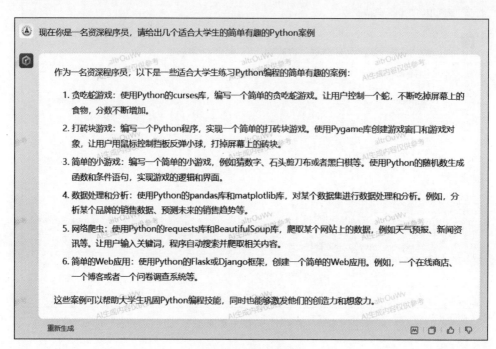

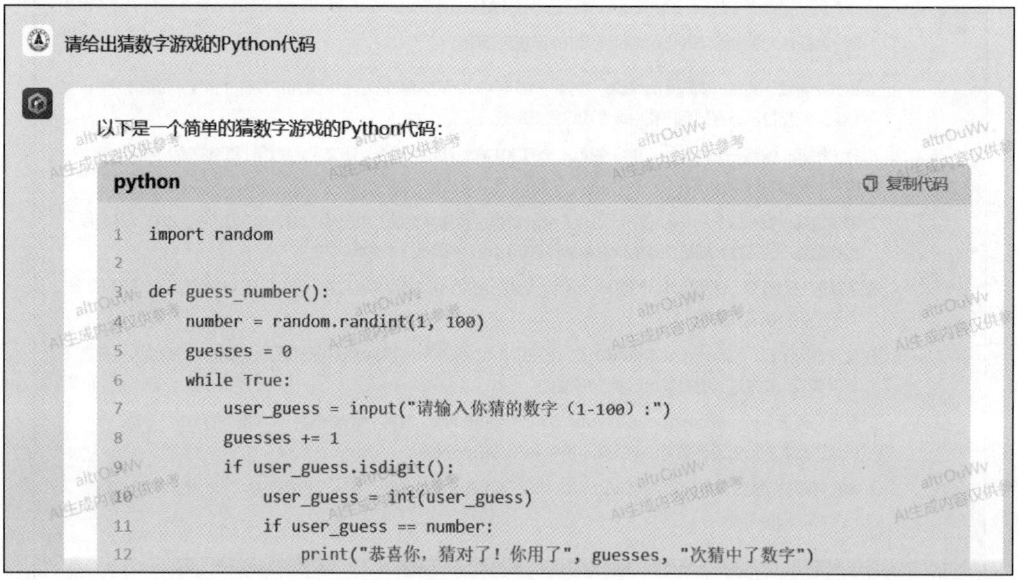

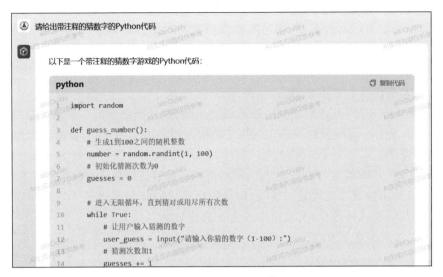

图 4-9　问题 5 及回答

图 4-10 给出一个要求进行代码改错及输出修改前后对比表格的例子,通过表格的形式进行修改信息的对比,可以呈现更清晰的结果。

图 4-10　问题 5 及回答

4.2　通过大语言模型辅助学习 Python 语言

LLM 可以根据用户输入的提示或问题,生成相应的 Python 代码片段、代码注释以及代码分析说明,从而提高编程效率、辅助学习 Python 语法和特性以及探索新的编程思路和方法。使用大语言模型辅助学习 Python 程序设计语言时,对话技巧的运用可以帮助用户更好地与大语言模型进行交互，获取所需信息。然而，需要注意的是，虽然模型可以提供很多有用的信息，但它也同时会提供一些假信息，比如不存在的函数和错误的语法。因此，在使用 LLM 时要学会结合模型的建议进行思考，并且不能完全依赖模型来完成任务。

【实验步骤】

（1）利用大语言模型解答 Python 习题。

图 4-11 是文心一言 LLM 给出的一道二级 Python 的选择题前后分别测试时给出的解答。由图 4-11 可知，文心一言刚开始没有识别出字典值引用的语法错误，但后来再次测试时，又给出了正确的答案 D。

图 4-12 是文心一言给出的另一道 Python 的选择题前后分别测试时给出的解答。由图 4-12 可知，文心一言给出的程序逻辑是正确的，但是最后给出的结果却出现了常识问题，后来经过多次编程对话后再测试该题目，又能给出较为正确的结果。

这说明了 LLM 是在不断的发展和优化中的，未来可能会有更多的改进和提升。另外，不同的 LLM 在求解 Python 程序设计语言问题时，给出的结果各有所长，请读者自己结合各个 LLM 的优势，通过 LLM 辅助学习 Python 语言，有效提升编程能力。

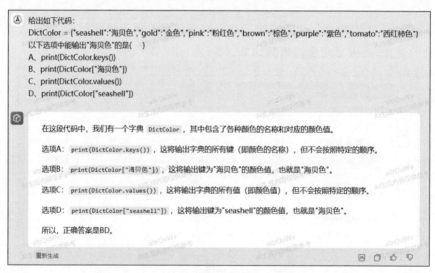

(a) 错误的解答

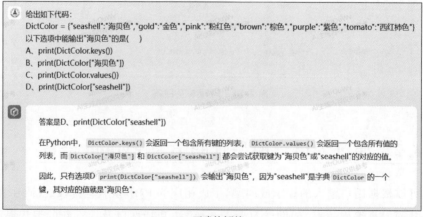

(b) 正确的解答

图 4-11　文心一言求解选择题前后对比 1

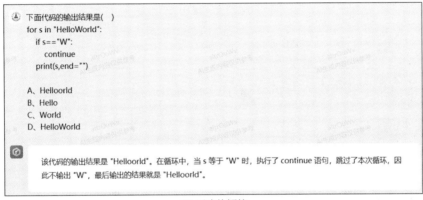

(a) 错误的解答

(b) 正确的解答

图 4-12　文心一言求解选择题前后对比 2

(2) 利用代码生成模型自动生成代码。

在过去的几年中，研究者们已经开发出许多专门用于代码生成的人工智能模型，例如 OpenAI 的 Codex、Salesforce 的 GodeGen 和清华智普的 GodeGeeX2 等。这些模型主要是为开发人员提供的 AI 辅助编程，功能包括多种编程语言的代码自动生成、代码补全和代码翻译等。

代码生成模型的知识体系是通过学习海量的代码获得的，因此生成的代码质量通常比通用的大语言模型更高。通用模型如 GPT、文心一言、讯飞星火、天工等的知识体系则是通过学习海量的互联网数据获得的，因此对自然语言的理解能力和交互处理能力更强。然而，需要注意的是，尽管这些模型可以生成高质量的代码，但在实际应用中仍需要人工进行一定的修改和优化，以确保生成的代码符合实际需求。

代码生成模型主要是为开发人员在专门的代码编辑器上编程时提供编程辅助，因此不能像通用模型那用直接在浏览器中使用。大部分模型都支持在 Visual Studio Code（简称 VS Code）代码编辑器上使用。VS Code 是一个高效且简化的代码编辑器，它不仅可以编辑代码，还可以进行调试、版本控制、编译发布等多种开发工作。然而，在使用代码生成模型的过程中，需要耗费大量的计算资源和时间，因此如果在 PC 上配置一个自己的编程助手，那么对硬件配置要求较高，可以在云平台的 GPU 上体验。

下面是在 AI Studio 平台上利用 CodeGen 模型自动生成 Python 代码的过程，CodeGen 模型是一种由 Salesforce 的研究人员开发的大型语言模型,可以将自然语言直接转换为代码。主要操作步骤如下。

① 启动项目运行环境,如图 4-13 所示,选择高级 GPU 来运行该项目。

图 4-13 选择高级 GPU 的运行环境

② 安装库文件。通过执行语句安装最新版 PaddleNLP 库文件,代码如图 4-14 所示。PaddleNLP 是飞桨自然语言处理开发库,在实验 1 中已经使用过其中的工具包,它提供了多种依托于百度实际产品的预训练模型,可以方便 NLP 研究者和工程师快速应用。

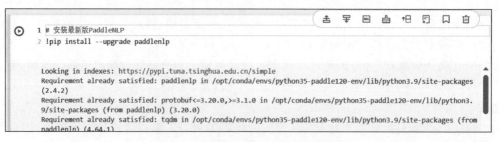

图 4-14 安装最新版 PaddleNLP 代码

安装 regex 库,regex 库是一个用于正则表达式匹配的工具库,它可以在程序中实现正则表达式的功能。如图 4-15 所示,如果直接用"!pip install regex"安装则会报错,那么可以通过更换安装地址来完成安装。

③ 创建代码生成器。目前,PaddleNLP 已经内置代码生成 CodeGen 模块,可以通过

实验4 利用大语言模型自动生成Python代码

```
1  #!pip install regex
2  !pip install regex -i https://mirrors.aliyun.com/pypi/simple

Looking in indexes: https://mirrors.aliyun.com/pypi/simple
Collecting regex
  Downloading https://mirrors.aliyun.com/pypi/packages/c0/f4/278e305e02245937579a7952b8a3205116b4d2480a3c03fa11e59
9b773d6/regex-2023.8.8-cp39-cp39-manylinux_2_17_x86_64.manylinux2014_x86_64.whl (771 kB)
                                        ━━━━━━━━━━━━━━━━━━━━ 771.4/771.4 kB 746.2 kB/s eta 0:00:0000:0100:01
Installing collected packages: regex
Successfully installed regex-2023.8.8
```

图 4-15　安装 regex 库

Taskflow 类一键调用。如图 4-16 所示，代码部分使用 PaddleNLP 中的 Taskflow 类来创建一个使用特定模型（codegen-2B-mono）和特定解码策略（greedy_search）的代码生成器（codegen）。如图中方框部分标示，该模型有 5.30GB，需要全部加载到云平台的内存中。

```
1  from paddlenlp import Taskflow
2
3  #Taskflow调用
4  # codegen = Taskflow("code_generation", model="Salesforce/codegen-2B-mono",decode_strategy="greedy_search", repet
5  codegen = Taskflow("code_generation", model="Salesforce/codegen-2B-mono",decode_strategy="greedy_search", repetit

[2023-08-22 16:07:20,162] [    INFO] - Downloading https://bj.bcebos.com/paddlenlp/models/community/Salesforce/
codegen-2B-mono/model_state.pdparams and saved to /home/aistudio/.paddlenlp/models/Salesforce/codegen-2B-mono
[2023-08-22 16:07:20,164] [    INFO] - Downloading model_state.pdparams from https://bj.bcebos.com/paddlenlp/mo
dels/community/Salesforce/codegen-2B-mono/model_state.pdparams
100%|██████████| 5.30G/5.30G [05:21<00:00, 17.7MB/s]
[2023-08-22 16:12:41,701] [    INFO] - Downloading https://bj.bcebos.com/paddlenlp/models/community/Salesforce/
codegen-2B-mono/model_config.json and saved to /home/aistudio/.paddlenlp/models/Salesforce/codegen-2B-mono
```

图 4-16　创建代码生成器

④ 自定义 Prompt 提示词内容，并通过输入代码生成器来生产代码。提示词最好用函数的代码定义（如 def func_a(x)），这样生成的结果比较准确。如图 4-17(a) 所示，给定"判断是否是素数"的函数定义代码提示词，代码生成器自动生成是否是素数的完整函数代码。如图 4-17(b) 所示，给定"求三个数中最大的一个"的函数定义代码提示词，代码生成器自动生成求三个数中最大的一个的完整函数代码。如图 4-17(c) 所示，给定"判断是否是回文数"的函数定义代码提示词，代码生成器自动生成是否是回文数的完整函数代码。如图 4-17(d) 所示，给定"冒泡排序"的函数定义代码提示词，代码生成器自动生成冒泡排序的完整函数代码。

```
1  prompt = "def is_prime(x):"
2  code = codegen(prompt)
3  print(prompt)
4  print(code[0])

def is_prime(x):
    if x == 1:
        return False
    for i in range(2, x):
        if x % i == 0:
            return False
    return True
```

```
1  prompt = "def max(a,b,c):"
2  code = codegen(prompt)
3  print(prompt)
4  print(code[0])

def max(a,b,c):
    if a>b and a>c:
        return a
    elif b>a and b>c:
        return b
    else:
        return c
```

(a) "判断是否是素数" 生成代码　　　　　　　(b) "求三个数中最大的一个" 生成代码

图 4-17　定义 Prompt 生成代码

```
1  prompt = "def is_palindrome (x):"
2  code = codegen(prompt)
3  print(prompt)
4  print(code[0])

   def is_palindrome (x):
       if x < 0:
           return False
       else:
           return str(x) == str(x)[::-1]
```

(c) "判断是否是回文数" 生成代码

```
1  prompt = "def bubble_sort(arr):"
2  code = codegen(prompt)
3  print(prompt)
4  print(code[0])

   def bubble_sort(arr):
       n = len(arr)
       for i in range(n):
           for j in range(0, n-i-1):
               if arr[j] > arr[j+1]:
                   arr[j], arr[j+1] = arr[j+1], arr[j]
       return arr
```

(d) "冒泡排序" 生成代码

图 4-17 （续）

注意，尽管这些模型可以生成高质量的代码，但在实际应用中仍需要人工进行一定的修改和优化，以确保生成的代码符合实际需求。

利用大语言认知模型实现AI聊天

【实验目的】

随着计算机运算能力的增强和数据集的增大,研究人员能够构建更大、更强的神经网络模型。这些模型能够学习到自然语言的复杂结构和模式,并能够进行文本生成、语言理解等任务。其中,本书实验1和实验4所使用的LLM的发展是自然语言处理(NLP)领域的重要里程碑之一。早在2018年,OpenAI发布了首款ChatGPT模型(Chat Generative Pre-trained Transformer,即GPT-1)。该模型是基于Transformer架构的单向自回归语言模型,能够生成自然语言文本。尽管其参数规模相对较小(约1.5亿参数),但已在多项NLP任务上展现出的强大性能。2023年发布的GPT-4模型比早先版本更加可靠、富有创意,不仅在语言处理能力上有所提高,还能处理更细微的指令,同时具备对图像的理解和分析能力。ChatGPT已经广泛应用于虚拟助手、聊天机器人、智能客服、自动文本生成、智能编程辅助等领域,通过将其植入各种应用程序和在线服务中,为用户提供更智能、更自然的交互体验。国内也推出了多款大语言模型,如百度的文心一言、科大讯飞的讯飞星火、阿里巴巴的通义千问等,同样在各个领域发挥着重要作用。

本实验将在实验4中文心一言LLM的基础上,进一步介绍支持API访问的讯飞星火认知大模型。该模型具有自然语言理解、语音识别等核心能力,其应用场景主要涉及教育、医疗、金融和城建等行业。在教育领域,可以为学生提供智能化的学习辅助,如语音交互、作业批改等;在医疗领域,可以帮助医生进行诊断和治疗方案的制定;在金融领域,可以为用户提供智能投顾服务;在智慧城市领域,可以为城市管理者提供智能化的城市管理方案。

本实验将通过与讯飞星火交互的案例,达到以下目的:
(1) 掌握讯飞星火认知大模型申请体验的方法。
(2) 掌握讯飞星火认知大模型交互问答的方法。
(3) 掌握利用讯飞开放平台创建讯飞星火API应用服务的方法。
(4) 掌握利用讯飞开放平台获取简单问答程序示例的方法。
(5) 掌握利用Python语言对讯飞星火应用进行认证的方法。
(6) 掌握利用Python语言向讯飞星火发起提问请求的方法。
(7) 掌握利用Python语言接收服务器响应并解析其回答内容的方法。
(8) 通过本实验完成聊天机器人应用,实现与讯飞星火问答交互功能,使用Python代码的方式体验人工智能NLP相关技术的应用效果。

【实验环境】

(1) 台式计算机或笔记本计算机,接入 Internet。

(2) Windows 10 中文旗舰版。

(3) Python 3.9 及以上版本。

【实验内容】

(1) 通过讯飞星火认知大模型主页完成问答交互。

(2) 通过讯飞开放云平台创建讯飞星火 API 应用服务。

(3) 通过讯飞开放云平台提供 Python 语言简单实例进行单轮问答。

(4) 通过 Python 语言构建程序调用讯飞星火 API 应用服务接口模拟网页端多轮问答。

【实验素材】

本实验案例素材已通过百度 AI Studio 平台项目公开共享,链接详见前言二维码。

【实验步骤】

(1) 通过讯飞星火主页完成问答交互。

① 使用浏览器访问如图 5-1 所示的讯飞星火认知大模型网站主页(地址详见前言二维码),单击右上角的"登录"按钮,进入网页登录页面。

图 5-1　讯飞星火认知大模型网站主页

② 登录方式可选使用如图 5-2 所示的"手机快捷登录"方式,填写手机号码与短信验证

图 5-2　讯飞星火认知大模型登录页

码,然后选择"未注册的手机号将自动注册,勾选即代表您同意并接受服务协议与隐私政策"单选按钮,最后单击"登录"按钮完成登录。

③ 登录成功后跳转至如图 5-3 所示的讯飞星火认知大模型使用申请入口页面,单击"申请注册"按钮,进入讯飞星火认知大模型交互使用权限申请页面。

图 5-3　讯飞星火认知大模型使用申请入口页面

④ 在如图 5-4 所示的使用权限申请页面中填写所有" * "标识内容,然后勾选页面下方"我已阅读并同意《讯飞星火认知大模型体验申请规则》和《个人信息授权声明》"复选框,最后单击页面底部的"提交申请"按钮完成申请。

⑤ 待讯飞星火认知大模型使用申请通过后,重新登录便会直接跳转至如图 5-5 所示的使用体验入口页面,单击"进入体验"按钮进入讯飞星火认知大模型问答交互页面。

⑥ 在如图 5-6 所示的讯飞星火认知大模型问答交互页面底部输入框中输入问题内容,然后单击右下角的"发送"按钮即可获得问题答案,一些日常用语问答交互示例如图 5-7 所示。

(2) 通过讯飞开放云平台创建讯飞星火 API 应用服务。

若要在本地计算机自行调用科大讯飞推出的人工智能相关应用,可以借助讯飞开放平台提供的应用程序编程接口(API)来实现,下面将介绍讯飞开放平台应用创建及讯飞星火认知大模型 API 试用申请的方法。

① 使用浏览器访问如图 5-8 所示的讯飞开放平台网站主页(地址详见前言二维码),单击右侧的"登录注册"按钮,进入网页登录页面。

② 登录方式可选择使用如图 5-9 所示的讯飞开放平台登录页面中的"手机快捷登录"方式,填写手机号码与短信验证码,然后勾选"未注册的手机号将自动注册,勾选即代表您同意并接受服务协议与隐私政策"复选框,最后单击"登录"按钮完成登录。

③ 登录成功后跳转至如图 5-10 所示的讯飞开放平台个人主页,单击右上角的"控制台"按钮,进入讯飞开放平台控制台页面。

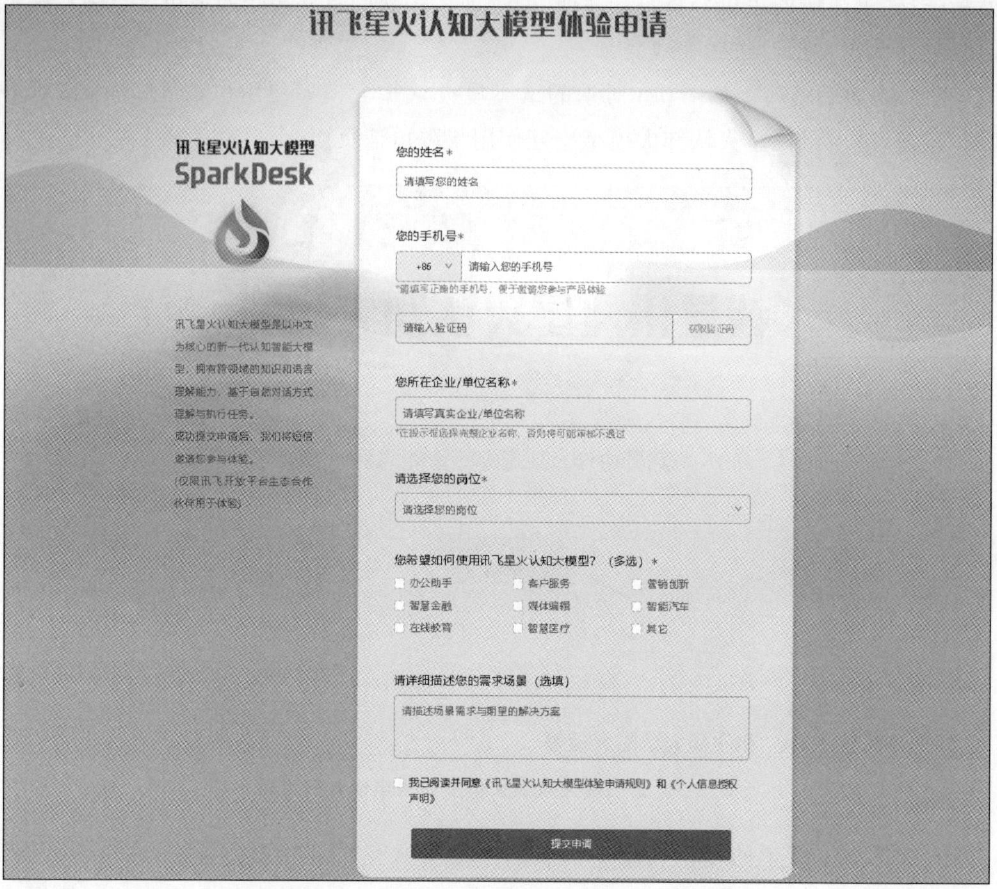

图 5-4 讯飞星火认知大模型使用申请提交页面

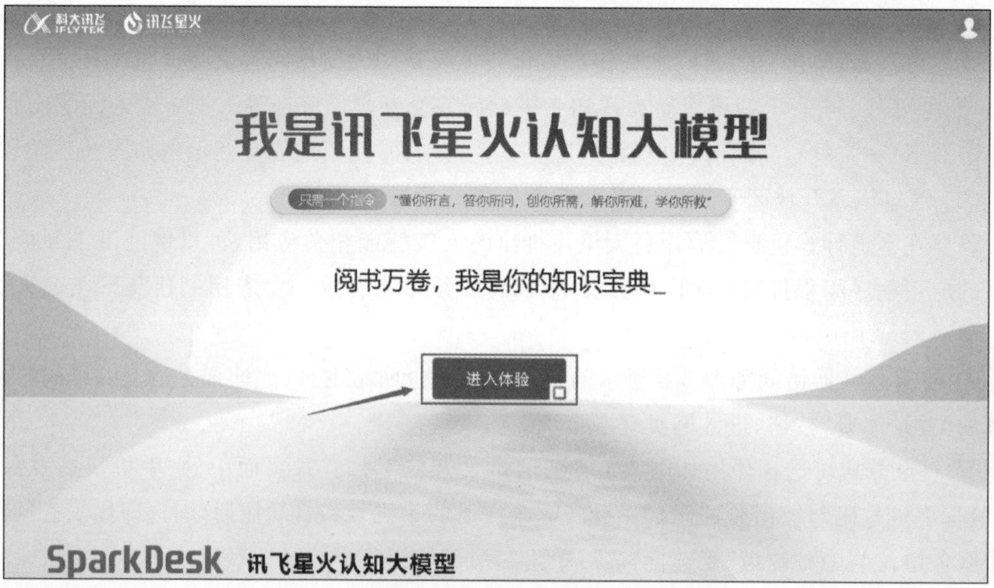

图 5-5 讯飞星火认知大模型使用体验入口页面

实验5　利用大语言认知模型实现AI聊天

图 5-6　讯飞星火认知大模型问答交互页面

图 5-7　讯飞星火认知大模型问答交互示例

图 5-8 讯飞开放平台网站主页

图 5-9 讯飞开放平台登录页面

实验5 利用大语言认知模型实现AI聊天

图 5-10 讯飞开放平台个人主页

④ 在如图 5-11 所示的讯飞开放平台控制台页面中,左侧展示了讯飞开放平台为每个应用所提供的各种人工智能功能服务,右侧列表则展示了已创建的应用简要信息。单击页面上方"创建新应用"按钮即可重新创建新应用。

图 5-11 讯飞开放平台控制台页面

⑤ 在如图 5-12 所示的讯飞开放应用创建申请页面中,依次填写"应用名称"、选择"应用分类"、填写"应用功能描述",然后单击下方的"提交"按钮即可完成新应用创建。

图 5-12 讯飞开放平台应用创建申请页面

⑥ 应用创建完毕回到讯飞开放平台控制台页面,单击应用列表中应用名称即可查看如图 5-13 所示应用详情。首先请注意页面右侧所展示的当前应用 APPID、APISecret、APIKey,这也是讯飞开放平台应用中最为关键的信息。其中,APPID 为应用的唯一标识;APIKey 和 APISecret 则是在 API 应用服务接口调用过程中需要反复使用的授权认证码。另外由于未实名认证用户所能够使用的服务受限,应当尽早单击右上角的"立即实名认证"链接完成实名认证。

图 5-13 讯飞开放平台应用详情页面

⑦ 在如图 5-14 所示的讯飞开放平台用户认证中心页面中选择"个人实名认证",然后单击下方的"立即认证"按钮,最后在弹出的资料填写页面填写各项个人信息即可完成个人实名认证。

图 5-14　讯飞开放平台用户认证中心页面

⑧ 目前讯飞星火认知大模型应用 API 调用默认未开放,需要按如图 5-15 所示进行申请,即首先选择左侧的"星火认知大模型"选项,然后单击右侧的"点击这里"链接来申请。

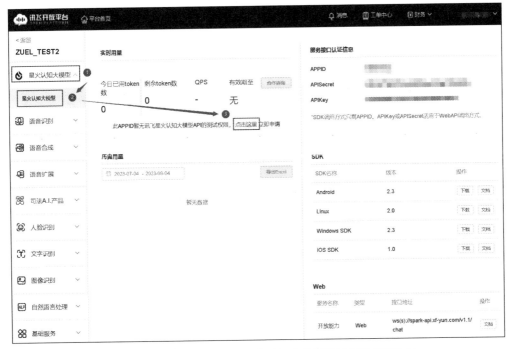

图 5-15　讯飞开放平台应用星火认知大模型测试权限申请入口

⑨ 在如图 5-16 所示的讯飞星火认知大模型应用 API 权限申请工单页面中,填写所有要求信息,然后单击下方的"提交工单"按钮即可完成申请。

图 5-16 讯飞星火认知大模型应用 API 权限申请工单页面

⑩ 待讯飞星火认知大模型应用 API 权限申请通过后,再次进入应用详情页面,如图 5-17 所示,选择"星火认知大模型"选项,即可查看讯飞星火应用 API 用量信息。

图 5-17 讯飞星火认知大模型应用 API 用量信息

(3) 通过讯飞开放云平台提供的 Python 语言简单实例进行单轮问答。

讯飞开放平台除了提供各种前沿人工智能服务功能接入支持之外，还为每项人工智能服务提供了多平台环境下多语言调用示例，只需要对示例程序代码进行细微改动，同时填写必要的授权信息，便可体验到服务内容。下面将继续以讯飞星火认知大模型应用服务为例，介绍讯飞开放平台的应用服务接口 API 调用示例的获取方法并展示其运行结果。

① 使用浏览器访问讯飞开放平台星火认知大模型 Web 文档网站主页（地址详见前言二维码），如图 5-18 所示，将页面拖动至最下方，然后单击"Python 调用示例"链接下载讯飞星火认知大模型应用 API 调用示例程序。

图 5-18 讯飞星火认知大模型应用 API 调用示例下载

② 从下载的讯飞星火认知大模型应用 API 调用示例程序压缩包中解压出实际程序文件 SparkApi.py，按照该程序文件中代码最底部启动函数的注释内容提示，安装 websocket 和 websocket-client 程序包。

执行以下安装命令进行安装：

```
pip install websocket
pip install websocket-client
```

③ 编辑讯飞星火认知大模型应用 API 调用示例程序代码，首先删除 on_massage() 函数中的 print(message) 语句；然后分别将之前所创建的讯飞星火认知大模型应用的 APPID、APISecret、APIKey 以及提问的内容，填写至启动函数内的 appid、api_secret、api_key 和 question 参数。

修改完成后的启动函数代码如下：

```
if __name__ == "__main__":
    # 测试时候在此处正确填写相关信息即可运行
    main(appid = "讯飞星火认知大模型应用 APPID",
         api_secret = "讯飞星火认知大模型应用 APISecret",
         api_key = "讯飞星火认知大模型应用 APIKey",
         gpt_url = "ws://spark - api.xf - yun.com/v1.1/chat",
         question = "提问内容")
```

④ 直接运行修改后的讯飞星火认知大模型应用 API 调用示例程序,运行结果(本例使用 PyCharm 编辑器运行程序,使用其他 Python 编译工具执行该程序不影响运行结果)如图 5-19 所示。

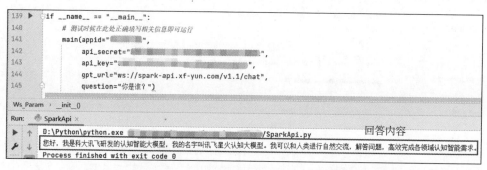

图 5-19 讯飞星火认知大模型应用 API 调用示例程序运行结果

(4) 通过 Python 语言构建程序调用讯飞星火 API 应用服务接口模拟网页端聊天问答。

讯飞开放平台所提供的调用示例程序单轮问答交互功能非常简明,编辑与运行方式也十分简单。不过"麻雀虽小,五脏俱全",其中包含了讯飞星火认知大模型应用服务接口从鉴权、请求直到响应的完整流程(参见讯飞开放平台星火认知大模型 Web 文档,地址详见前言二维码)。若想使用 Python 语言自行构建程序,则同样需要像示例程序那样实现接口调用过程中的每个环节。后续内容将详细介绍讯飞星火认知大模型应用服务接口调用的方法,最终实现一个类似网页端多轮聊天问答的程序。

① 引入必要的库文件,代码如下:

```
from datetime import datetime
from time import mktime
from wsgiref.handlers import format_date_time
from urllib.parse import urlencode
from urllib.parse import urlparse
import ssl
import hmac
import hashlib
import base64
import websocket
import json
```

其中,datetime 模块是 Python 的标准库之一,该模块内的 datetime 类是专门用于处理时间的类;time 模块同样可以进行时间相关的处理,如访问当前日期和时间以及等待指定的时间等,该模块内的 mktime()函数接收时间元组参数并返回相应时间戳的浮点秒数;wsgiref 模块提供了一个标准的 WSGI(Web Server Gateway Interface)参考实现,该模块内 handlers 类中的 format_date_time()函数可将时间转换为 RFC 1123 格式;urllib.parse 模块提供了很多解析和组建 URL 的函数,如 urlencode()函数可以将一个 dict 变量转换为合法的 URL 查询参数,urlparse()函数则用于解析 URL;ssl 模块用于访问 HTTPS 资源;hmac 模块全称为 Hash-based Message Authentication Code(哈希消息认证码),可将消息用哈希函数结合密钥 key 转换为一个固定长度的字符串摘要(通常用十六进制的字符串表示);hashlib 模块提供了许多哈希算法,如 md5、sha1、sha224、sha256、sha384、sha512 等;base64 模块可以把二进制数据转换为可打印字符的编码,即将每 3 字节的二进制数据转换为 4 个可打印字符的形式,以便在文本协议中传输或存储二进制数据;websocket 模块用于在 Python 中构建 WebSocket 服务器和客户端;json 模块主要用于将 Python 对象与 JSON(JavaScript Object Notation,JavaScript 对象简谱)格式数据互相转换。

②定义初始全局变量,代码如下:

```
appId = '讯飞星火认知大模型应用 APPID'
apiKey = '讯飞星火认知大模型应用 APIKey'
apiSecret = '讯飞星火认知大模型应用 APISecret'
gpt_url = 'wss://spark-api.xf-yun.com/v1.1/chat'
host = urlparse(gpt_url).netloc
path = urlparse(gpt_url).path
recordQA = []
tokenFee = 0
```

其中,appId 变量即讯飞星火认知大模型应用 APPID;apiKey 变量即讯飞星火认知大模型应用 APIKey;apiSecret 变量即讯飞星火认知大模型应用 APISecret;gpt_url 为讯飞星火认知大模型服务接口 Web 请求地址;host 变量为请求的主机;path 变量为讯飞星火认知大模型服务接口 Web 请求地址解析结果;recordQA 变量用于记录问答内容;tokenFee 变量用于记录讯飞星火认知大模型应用服务用量信息。

③创建好讯飞星火认知大模型 API 服务应用并取得 APPID、APIKey、APISecret 后,若想在 Python 程序中调用 API 接口,则需要对调用接口进行鉴权。即开发者需要自行先在控制台创建应用,利用应用中提供的 APPID、APIKey、APISecret 进行鉴权,生成最终请求的鉴权 URL(接口鉴权参数与规则详情请参见讯飞开放平台通用鉴权 URL 生成说明,地址详见前言二维码)。

根据讯飞开放平台的鉴权说明文档,所需鉴权参数如表 5-1 所示。

表 5-1 讯飞开放平台鉴权参数

参数	类型	是否必需	说明	示例
host	string	是	请求的主机	aichat.xf-yun.com(使用时需替换为实际使用的接口地址)
date	string	是	当前的时间戳,采用 RFC1123 格式,时间偏差需控制在 300s 内	Fri, 05 May 2023 10:43:39 GMT
authorization	string	是	base64 编码的签名信息	参考后续代码

讯飞开放平台鉴权说明文档给出的标准鉴权步骤如下：
- 生成指定格式的 date 变量；
- 到控制台获取 APIKey 和 APISecret 参数；
- 利用上方的 date 与 host、path 参数动态拼接生成字符串，参考代码如下：

```
tmp = "host: " + "spark-api.xf-yun.com" + "\n"
tmp += "date: " + date + "\n"
tmp += "GET " + "/v1.1/chat" + " HTTP/1.1"
```

- 利用 hmac-sha256 算法结合 APISecret 对上一步的所生成字符串进行签名，获得签名后的摘要；
- 将上一步所生成的摘要转换为 base64 编码（假设变量名为 signature）；
- 利用上一步的 signature 变量，拼接下方的字符串生成原始授权信息，参考代码如下：

```
authorization_origin = f'api_key="{APIKey}", algorithm="hmac-sha256", headers="host date request-line", signature="{signature}"'
```

- 将上一步所生成的原始授权信息进行 base64 编码，生成最终的鉴权信息变量（假设变量名为 authorization）；
- 将鉴权参数组合成最终的键值对，并通过 urlencode 生成最终的握手 URL，参考代码如下：

```
from urllib.parse import urlencode
v = {
        "authorization": authorization,         # 上方鉴权生成的 authorization
        "date": date,                           # 步骤 1 生成的 date
        "host": "spark-api.xf-yun.com"          # 请求的主机名，根据具体接口替换
}
url = "wss://spark-api.xf-yun.com/v1/chat?" + urlencode(v)
```

根据上述讯飞开放平台鉴权说明文档给出的标准鉴权步骤，定义鉴权函数 auth_url()，代码如下：

```
# 接口鉴权
def auth_url():
    cur_time = datetime.now()
    date = format_date_time(mktime(cur_time.timetuple()))
    sign_origin = "host: " + host + "\n"
    sign_origin += "date: " + date + "\n"
    sign_origin += "GET " + path + " HTTP/1.1"
    # 对 APISecret 运用 hmac-sha256 进行加密，获得签名后的摘要 sign_sha
    sign_sha = hmac.new(apiSecret.encode('utf-8'), sign_origin.encode('utf-8'), digestmod=hashlib.sha256).digest()
    # 将签名加密结果转换为 base64 编码，生成 signature
    sign_base64 = base64.b64encode(sign_sha).decode(encoding='utf-8')
    # 拼接 APIKey 与编码转换后的签名，生成原始授权信息 authorization_origin
```

```
        auth_origin = f'api_key="{apiKey}", algorithm="hmac-sha256", headers="host date request-
line", signature="{sign_base64}"'
        #将原始授权信息转换为base64编码,生成最终的authorization
        authorization = base64.b64encode(auth_origin.encode('utf-8')).decode(encoding='utf-8')
        #将请求的鉴权参数组合为字典
        v = {
            "authorization": authorization,
            "date": date,
            "host": host
        }
        #拼接鉴权参数,生成URL
        url = gpt_url + '?' + urlencode(v)
        return url
```

④ 构造星火认知大模型服务应用 API 请求参数,接口请求字段由 header、parameter、payload 三部分组成,各部分参数信息分别如表 5-2、表 5-3、表 5-4 所示。

表 5-2 接口请求 header 部分参数

参数名称	类型	是否必传	参数要求	参数说明
app_id	string	是		应用 appid,从开放平台控制台创建的应用中获取
uid	string	否	最大长度 32	每个用户的 id,用于区分不同用户

表 5-3 接口请求 parameter.chat 部分参数

参数名称	类型	是否必传	参数要求	参数说明
domain	string	是	取值为 general	指定访问的领域
temperature	float	否	取值为[0,1],默认为 0.5	核采样阈值。用于决定结果随机性,取值越高随机性越强,即相同的问题得到的不同答案的可能性越高
max_tokens	int	否	取值为[1,4096],默认为 2048	模型回答的 tokens 的最大长度
top_k	int	否	取值为[1,6],默认为 4	从 k 个候选中随机选择一个
chat_id	string	否	需要保障用户下的唯一性	用于关联用户会话

表 5-4 接口请求 payload.message.text 部分参数

参数名称	类型	是否必传	参数要求	参数说明
role	string	是	取值为[user,assistant]	user 表示是用户的问题,assistant 表示 AI 的回复
content	string	是	所有 content 的累计 tokens 需控制在 8192 以内	用户和 AI 的对话内容

接口请求格式示例如以下代码所示:

```
{
    "header": {
```

```
                "app_id": "12345",
                "uid": "12345"
            },
            "parameter": {
                "chat": {
                    "domain": "general",
                    "temperature": 0.5,
                    "max_tokens": 1024,
                }
            },
            "payload": {
                "message": {
                    #如果想获取结合上下文的回答,需要开发者每次将历史问答信息一起传给服务端,如下示例
                    #注意:text里面的所有content内容加一起的tokens需要控制在8192以内,开发者如有较
                    #长对话需求,需要适当裁剪历史信息
                    "text": [
                        {"role": "user", "content": "你是谁"}           # 用户的历史问题
                        {"role": "assistant", "content": "....."}       # AI的历史回答结果
                        # ...省略的历史对话
                        #{"role": "user", "content": "你会做什么"}      # 最新的一条问题,如无须上下文
                        #可只传最新的一条问题
                    ]
                }
            }
        }
```

按照上述接口请求格式,定义生成请求参数函数gen_params()与问答交互记录函数add_QA(),代码如下:

```
#生成请求参数
def gen_params(question):
    data = {
        "header": {
            "app_id": appId,
            "uid": "1234"
        },
        "parameter": {
            "chat": {
                "domain": "general",
                "random_threshold": 0.5,
                "max_tokens": 2048,
                "auditing": "default"
            }
        },
        "payload": {
            "message": {
                "text": question
            }
        }
    }
    return data
```

```
#记录问答内容
def add_QA(role, content):
    global txt
    txt = ''
    record = {}
    record['role'] = role
    record['content'] = content
    recordQA.append(record)
```

其中,gen_params()接收代表问题内容的 question 参数,函数内部使用 appId 变量标识具体的星火认知大模型服务应用,函数返回结果则是标准格式的接口请求参数。add_QA()函数声明的 role 参数代表发送信息的角色,即用户(user)或 AI(assistant);content 参数代表信息内容。该函数内部将多次问答内容以 dict 对象格式存储至 recordQA 数组变量当中。

⑤ 星火认知大模型服务应用接口响应返回字段分为 header 与 payload 两部分,各部分参数信息分别如表 5-5、表 5-6 和表 5-7 所示。

表 5-5 接口响应 header 部分字段

字 段 名	类 型	字 段 说 明
code	int	错误码,0 表示正常,非 0 表示出错;详细释义可在接口说明文档最后的错误码中了解
message	string	会话是否成功的描述信息
sid	string	会话的唯一 id,供讯飞技术人员查询服务端会话日志时使用,出现调用错误时建议留存该字段
status	int	会话状态,取值为{0,1,2}。0 代表首次结果;1 代表中间结果;2 代表最后一个结果

表 5-6 接口响应 payload.choices 部分字段

字 段 名	类 型	字 段 说 明
status	int	文本响应状态,取值为{0,1,2}。0 代表首个文本结果;1 代表中间文本结果;2 代表最后一个文本结果
seq	int	返回的数据序号,取值为[0,9999999]
content	string	AI 的回答内容
role	string	角色标识,固定为 assistant,标识角色为 AI
index	int	结果序号,取值为[0,10];当前为保留字段,开发者可忽略

表 5-7 接口响应 payload.choices.usage 部分字段

字 段 名	类 型	字 段 说 明
question_tokens	int	保留字段,可忽略
prompt_tokens	int	包含历史问题的总 tokens 大小
completion_tokens	int	回答的 tokens 大小
total_tokens	int	prompt_tokens 和 completion_tokens 的和,也是本次交互计费的 tokens 大小

接口响应格式示例如以下代码所示：

```
# 接口为流式返回,此示例为最后一次返回结果,开发者需要将接口多次返回的结果进行拼接展示
{
    "header":{
        "code":0,
        "message":"Success",
        "sid":"cht000cb087@dx18793cd421fb894542",
        "status":2
    },
    "payload":{
        "choices":{
            "status":2,
            "seq":0,
            "text":[
                {
                    "content":"我可以帮助你吗?",
                    "role":"assistant",
                    "index":0
                }
            ]
        },
        "usage":{
            "text":{
                "question_tokens":4,
                "prompt_tokens":5,
                "completion_tokens":9,
                "total_tokens":14
            }
        }
    }
}
```

按照上述接口响应格式，定义发送请求以及解析响应结果相关函数，代码如下：

```
# 发送接口请求
def run_send(ws, question):
    data = json.dumps(gen_params(question))
    ws.send(data)

# 收到websocket连接建立的处理
def on_open(ws):
    run_send(ws, recordQA)

# 收到websocket错误的处理
def on_error(ws, error):
    print("### error:", error)

# 收到websocket关闭的处理
def on_close(ws):
    pass

# 收到websocket消息的处理
```

```python
def on_message(ws, message):
    data = json.loads(message)
    code = data['header']['code']
    if code != 0:
        print(f'请求错误: {code}, {data}')
        ws.close()
    else:
        choices = data["payload"]["choices"]
        status = choices["status"]
        content = choices["text"][0]["content"]
        global txt
        txt += content
        print(content, end = '')
        if status == 2:
            global tokenFee
            tokenFee += int(data["payload"]["usage"]['text']['total_tokens'])
            add_QA('assistant', txt)
            print('\n')
            ws.close()
```

其中,run_send()函数用于将接收到的问题内容记录转换为 JSON 格式,然后通过 websocket 应用实例向讯飞星火认知大模型服务应用发起请求。on_open()函数定义了 websocket 应用实例与讯飞星火认知大模型服务应用建立起连接时所执行的操作,本例在连接建立时便发送提问请求。on_error()与 on_close()分别表示 websocket 应用实例运行过程中遇到错误以及停止运行时所执行的操作。on_message()函数负责处理接收到的 websocket 消息即讯飞星火认知大模型服务应用对于提问请求的响应,该函数按照上述接口响应格式解析问题回复并打印至控制台。

⑥ 编写程序启动执行内容,主要包括创建 websocket 实例、监听控制台输入、向讯飞星火认知大模型服务应用发起提问以及显示服务用量消耗,代码如下:

```python
# 创建 websocket 实例
websocket.enableTrace(False)
ws = websocket.WebSocketApp(auth_url(), keep_running = True, on_open = on_open, on_message = on_message,
on_error = on_error, on_close = on_close)
# 监听控制台输入
print("您好,欢迎使用讯飞星火认知大模型!(输入'quit'结束对话)")
while True:
    userInput = input("")
    print(userInput + "\n")
    if userInput == 'quit':
        ws.close()
        break
    elif len(userInput) < 1:
        continue
    add_QA('user', userInput)
    # 接收到用户有效输入后发起请求
    ws.run_forever(sslopt = {"cert_reqs": ssl.CERT_NONE})
# 若交互过程讯飞星火认知大模型服务用量产生消耗,打印本次交互消耗详情
if tokenFee > 0:
    print('本次会话总计消耗 token 数:', tokenFee)
print("\n###欢迎再次使用讯飞星火认知大模型,再见!###")
```

本小节案例完整代码如下：

```python
# 引入必要库文件
from datetime import datetime
from time import mktime
from wsgiref.handlers import format_date_time
from urllib.parse import urlencode
from urllib.parse import urlparse
import ssl
import hmac
import hashlib
import base64
import websocket
import json

# 定义全局变量
appId = '讯飞星火认知大模型应用APPID'
apiKey = '讯飞星火认知大模型应用APIKey'
apiSecret = '讯飞星火认知大模型应用APISecret'
gpt_url = 'wss://spark-api.xf-yun.com/v1.1/chat'
host = urlparse(gpt_url).netloc
path = urlparse(gpt_url).path
recordQA = []
tokenFee = 0
txt = ''

#接口鉴权
def auth_url():
    cur_time = datetime.now()
    date = format_date_time(mktime(cur_time.timetuple()))
    sign_origin = "host: " + host + "\n"
    sign_origin += "date: " + date + "\n"
    sign_origin += "GET " + path + " HTTP/1.1"
    #对APISecret运用hmac-sha256进行加密,获得签名后的摘要sign_sha
    sign_sha = hmac.new(apiSecret.encode('utf-8'), sign_origin.encode('utf-8'), digestmod = hashlib.sha256).digest()
    #将签名加密结果转换为base64编码,生成signature
    sign_base64 = base64.b64encode(sign_sha).decode(encoding = 'utf-8')
    #拼接APIKey与编码转换后的签名,生成原始授权信息authorization_origin
    auth_origin = f'api_key = "{apiKey}", algorithm = "hmac-sha256", headers = "host date request-line", signature = "{sign_base64}"'
    #将原始授权信息转换为base64编码,生成最终的authorization
    authorization = base64.b64encode(auth_origin.encode('utf-8')).decode(encoding = 'utf-8')
    #将请求的鉴权参数组合为字典
    v = {
        "authorization": authorization,
        "date": date,
        "host": host
    }
    #拼接鉴权参数,生成URL
    url = gpt_url + '?' + urlencode(v)
    return url

#生成请求参数
```

```python
def gen_params(question):
    data = {
        "header": {
            "app_id": appId,
            "uid": "1234"
        },
        "parameter": {
            "chat": {
                "domain": "general",
                "random_threshold": 0.5,
                "max_tokens": 2048,
                "auditing": "default"
            }
        },
        "payload": {
            "message": {
                "text": question
            }
        }
    }
    return data

#记录问答内容
def add_QA(role, content):
    global txt
    txt = ''
    record = {}
    record['role'] = role
    record['content'] = content
    recordQA.append(record)

#发送接口请求
def run_send(ws, question):
    data = json.dumps(gen_params(question))
    ws.send(data)

#收到websocket连接建立的处理
def on_open(ws):
    run_send(ws, recordQA)

#收到websocket错误的处理
def on_error(ws, error):
    print("### error:", error)

#收到websocket关闭的处理
def on_close(ws):
    pass


#收到websocket消息的处理
```

```python
def on_message(ws, message):
    data = json.loads(message)
    code = data['header']['code']
    if code != 0:
        print(f'请求错误: {code}, {data}')
        ws.close()
    else:
        choices = data["payload"]["choices"]
        status = choices["status"]
        content = choices["text"][0]["content"]
        global txt
        txt += content
        print(content, end = '')
        if status == 2:
            global tokenFee
            tokenFee += int(data["payload"]["usage"]['text']['total_tokens'])
            add_QA('assistant', txt)
            print('\n')
            ws.close()

# 创建 websocket 实例
websocket.enableTrace(False)
ws = websocket.WebSocketApp(auth_url(), keep_running = True, on_open = on_open, on_message = on_message, on_error = on_error, on_close = on_close)
# 监听控制台输入
print("您好,欢迎使用讯飞星火认知大模型!(输入'quit'结束对话)")
while True:
    userInput = input("")
    print(userInput + "\n")
    if userInput == 'quit':
        ws.close()
        break
    elif len(userInput) < 1:
        continue
    add_QA('user', userInput)
    # 接收到用户有效输入后发起请求
    ws.run_forever(sslopt = {"cert_reqs": ssl.CERT_NONE})
# 若交互过程讯飞星火认知大模型服务用量产生消耗,打印本次交互消耗详情
if tokenFee > 0:
    print('本次会话总计消耗 token 数:', tokenFee)
print("\n###欢迎再次使用讯飞星火认知大模型,再见! ###")
```

将上述程序直接在 AI Studio 平台上运行,以解答 Python 语言相关习题为例,问答交互结果如图 5-20 所示。可以发现,星火认知大模型服务应用的用量计费规则并非按照问题数目,而是根据提问与回复内容综合计算。另外,通过 API 接口调用取得的问题回复与直接在网页端所得回复可能会有一定差别。

本章案例仅涉及讯飞开放平台中的讯飞星火认知大模型服务,读者还可以根据讯飞开放平台和相关说明文档的指引,自行尝试体验平台中的其他人工智能前沿应用。

实验5　利用大语言认知模型实现AI聊天

```
21    print("\n### 欢迎再次使用讯飞星火认知大模型，再见! ###")
```

运行时长: 2分钟8秒72毫秒　结束时间:

您好，欢迎使用讯飞星火认知大模型！（输入'quit'结束对话）
词云输出格式不能为png格式的说法正确吗？ 【问题1】　　　　　　　　　　　　【回答1】

不正确。词云输出格式可以为png格式，这是非常见的一种格式。在Python中，使用wordcloud库生成词云时，可以通过设置`savefig`参数来指定输出格式。例如：

```python
from wordcloud import WordCloud
import matplotlib.pyplot as plt

# 生成词云
wordcloud = WordCloud().generate(text)

# 保存为png格式的图片
wordcloud.to_file("wordcloud.png")

# 显示词云图片
plt.imshow(wordcloud, interpolation='bilinear')
plt.axis("off")
plt.show()
```

语句: soup=BeautifulSoup(html,'html.parser')中的参数html类型为? 【问题2】

参数html的类型应该是字符串(str)。 【回答2】

【问题3】
如下代码统计各部门员工人数，请将代码补充完整（填空内容必须英文小写）。 #请填空1，导入pandas库 ＿＿＿＿＿＿＿＿ (1) pandas as pd #请填空2，从指定文件夹导入部门员工.csv data = pd .＿＿＿＿＿＿ (2) (r'C:\EXAM\部门员工.csv') #请填空3，统计各部门员工人数 dep = ＿＿＿＿＿＿ (3) ['department'].value_counts() #请填空4，统计各部门男女员工平均工资 gender_salary = data.groupby(['department','gender'],as_index=False).salary. ＿＿＿＿＿＿ (4)

```python
# 请填空1，导入pandas库
import pandas as pd

# 请填空2，从指定文件夹导入部门员工.csv
data = pd.read_csv(r'C:\EXAM\部门员工.csv')

# 请填空3，统计各部门员工人数
dep = data['department'].value_counts()

# 请填空4，统计各部门男女员工平均工资
gender_salary = data.groupby(['department', 'gender'], as_index=False).salary.mean()
```
【回答3】

quit

本次会话总计消耗token数: 1930

欢迎再次使用讯飞星火认知大模型，再见!

图 5-20　讯飞星火认知大模型问答交互程序运行结果

实验 ⑥

利用计算机视觉模型实现人脸识别

【实验目的】

在数字化时代，人工智能正以惊人的速度改变着我们的生活。人工智能是一门涵盖多个领域的学科，它致力于开发能够模拟和模仿人类智能的计算机系统和程序。在实验5中，已经通过 LLM 和 AI 聊天案例介绍了自然语言处理这一人工智能领域的重要方向。在本实验中，将介绍人工智能另一个重要的技术方向——计算机视觉(Computer Vision,CV)。CV 旨在使计算机能够"看"和理解图像与视频。CV 技术已经取得了令人瞩目的进展，其中人脸识别技术备受关注。人脸识别技术利用计算机视觉算法和人脸特征分析，能够自动识别和验证人类面部信息。这项技术不仅在安全领域具有广泛应用，如身份验证和边境安全，还在生物识别、人机交互和社交媒体等领域发挥着重要作用。

人脸识别技术的主要应用场景之一是身份验证和安全控制。通过对人脸进行识别和比对，我们可以实现更加安全可靠的身份验证系统。例如，许多手机现在都支持使用面部识别来解锁设备，这比传统的密码或指纹识别更加方便且更难以伪造。此外，人脸识别技术还广泛应用于监控和安保系统，有助于追踪犯罪嫌疑人、寻找失踪人员等。除了安全领域，人脸识别技术还在其他领域发挥着重要作用。例如，在社交媒体中，人脸识别技术可以帮助我们自动标记和识别照片中的人物，从而更方便地管理和共享照片。此外，人脸识别还可以应用于医疗诊断、人机交互和市场调研等领域，为各行各业带来便利和创新。

本实验将通过一个人脸识别的案例，达到以下目的：

(1) 掌握利用百度智能云平台创建人脸识别 API 应用服务的方法。

(2) 掌握利用 Python 语言构建爬虫向人脸识别服务地址发送请求的方法。

(3) 掌握利用 Python 语言对接收服务器响应并解析其信息的方法。

(4) 掌握利用 Python 语言对人脸识别结果进行判别并输出结果的方法。

(5) 掌握利用 Python 语言对图片进行读取、转码和显示的方法。

(6) 通过本案例完成人脸识别应用，实现对人脸图片的识别、年龄与性别判断、情绪分析、颜值打分等功能，体验人工智能中计算机视觉方向相关技术的应用效果。

【实验环境】

(1) 台式计算机或笔记本计算机，接入 Internet。

(2) Windows 10 中文旗舰版。

(3) Python 3.9 及以上版本。

实验6　利用计算机视觉模型实现人脸识别

【实验内容】

（1）通过百度智能云平台创建人脸识别 API 应用服务。

（2）通过 Python 构建程序获取人脸识别 API 应用服务接口调用签名。

（3）通过 Python 构建程序打开待识别人脸图片并转换为可用于处理的编码格式。

（4）通过 Python 构建程序调用人脸识别 API 应用服务接口，向服务器发送人脸识别请求和数据，并获取应答信息。

（5）通过 Python 构建程序解析返回的信息，输出想要的结果。

【实验素材】

本案例素材已通过百度 AI Studio 平台项目公开共享，链接详见前言二维码。

【实验步骤】

（1）通过百度智能云平台创建人脸识别 API 应用服务。

若要进行人脸识别相关的 AI 应用，一般可以借助科研机构、高新企业或者平台提供的 API 来实现。目前国内多个知名网络平台都提供了免费开放的人脸识别 API 服务，如百度人脸识别 API、腾讯云人脸识别 API、阿里云人脸识别 API 等。下面将以百度人脸识别为例，介绍相关 API 应用服务的创建方法。

① 使用浏览器登录百度智能云（地址详见前言二维码），进入网站主页后，单击右上角的"登录"按钮，进入网页登录页面，如图 6-1 所示。登录方式可选择使用百度账号登录（与实验 1 中的账号相同），登录成功后，进入欢迎页面，选择"我已阅读并同意"单选按钮，单击"立即使用"按钮重新进入主页。

图 6-1　进入网页登录页面

② 要使用人脸识别 API 应用，首先需要对当前账号进行实名认证。将鼠标移动至主页右上角的账户名上方，在弹出的浮动窗口中单击"立即认证"按钮，即可打开"实名认证"页面，如图 6-2 所示。在页面中单击"开始个人认证"按钮即可开始个人认证流程，可以选择利用个人身份证、护照、港澳台居民往来内地通行证等方式完成认证。

③ 接下来可以使用登录的账号创建一个人脸识别 API 应用服务。在主页上方单击"控制

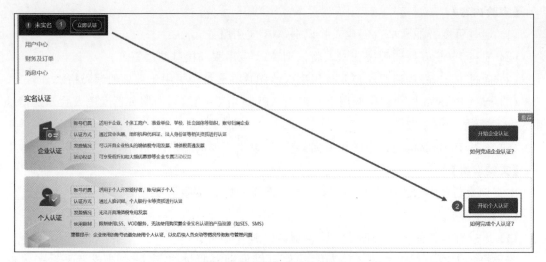

图 6-2 打开"实名认证"页面

台"按钮,进入"控制台"页面。单击页面左上角的"菜单"按钮,在下拉列表中依次单击"产品服务"→"人工智能"→"人脸识别",如图 6-3 所示。

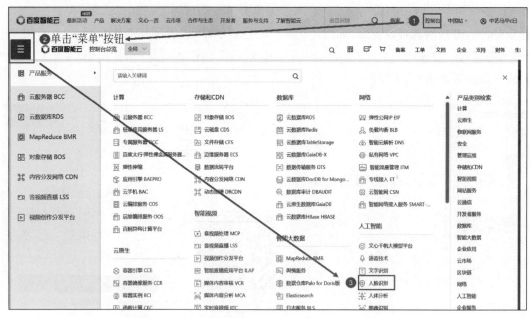

图 6-3 依次单击"产品服务"→"人工智能"→"人脸识别"

④ 进入人脸识别 API 服务页面,如图 6-4 所示。接下来可参考操作指引内的步骤进行后续操作。首先单击步骤 1"免费尝鲜"下方的"去领取"按钮,打开"领取免费资源"页面,如图 6-5 所示。勾选"待领接口"右侧的"全部"复选框,即可选中所有可领取的免费资源,其中包括人脸检测 API 服务请求次数 1000 次/月,单击下方的"0 元领取"按钮即可完成资源领取,单击"返回"按钮回到人脸识别 API 服务页面。后续可以通过图 6-4 中的步骤 4"查看用量"随时查看免费资源剩余额度。

实验6 利用计算机视觉模型实现人脸识别

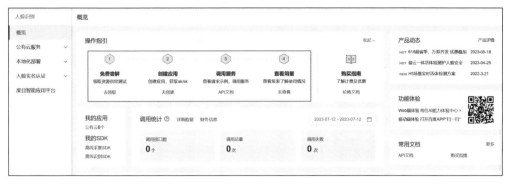

图 6-4 人脸识别 API 服务页面

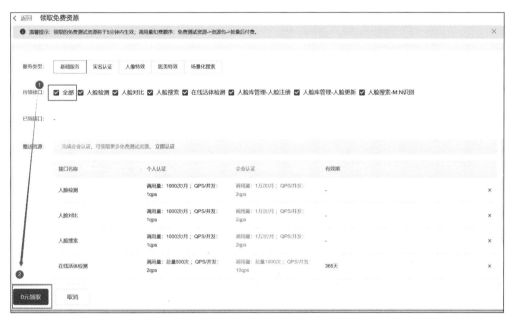

图 6-5 打开"领取免费资源"页面

⑤ 单击步骤 2"创建应用"下方的"去创建"按钮，打开"创建新应用"页面，如图 6-6 所示。在该界面中进行人脸识别 API 服务应用的相应设置，首先在"应用名称"后的输入框中输入合适的名称，这里输入"人脸识别实验"；接下来，选择"接口选择"→"人脸识别"→"全选"复选框，确保所有本案例中所需要的功能都处于选中状态；在"应用归属"右侧单击"个人"按钮，在"应用描述"右侧的输入框中输入对待创建应用服务的简单描述，这里输入"一个人脸识别的小案例，能够根据输入的图片判断是否是人脸，判断人脸年龄、性别和情绪等"。设置完成后，单击下方的"立即创建"按钮即可创建一个人脸识别 API 应用服务。

⑥ 应用创建完毕后，可在人脸识别 API 服务页面左侧依次单击"公有云服务"→"应用列表"，进入"应用列表"页面，如图 6-7 所示。此时页面右侧的应用列表中已经显示了刚刚创建的新应用"人脸识别实验"，同时还显示了该应用的部分关键信息，其中 API Key 和 Secret Key 是在 API 应用服务接口的调用过程中需要反复使用的授权编码，可以将其分别复制并保存到其他位置以便后续使用。此外，在列表右侧还有一系列的操作按钮，可以对 API 接口的调用信息进行查阅，也可以对相关应用进行修改和删除等其他管理操作。

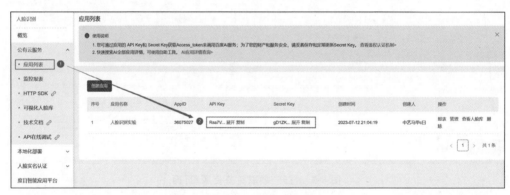

图 6-6 打开"创建新应用"页面

图 6-7 进入"应用列表"页面

（2）通过 Python 构建程序获取人脸识别 AI 接口调用签名。

在百度智能云平台创建人脸识别的 API 应用服务后，如果想要在程序中调用 API 接口实现人脸识别的相关功能，需要首先获取接口调用的签名 access_token。access_token 是用户的访问令牌，承载了用户的身份、权限等信息，百度 AI 开放平台使用 OAuth 2.0 授权调用开放 API，调用 API 时必须在 URL 中带上 access_token 参数。根据百度智能云平台的官方说明文档，获取 access_token 需要向授权服务地址（详见前言二维码）发送请求，并在请求的 URL 中带上相关的参数，包括：

grant_type：必需参数，固定为 client_credentials，表示用户权限申请；

client_id：必需参数，应用的 API Key，已经在本案例的上一步操作中获取；

client_secret：必需参数，应用的 Secret Key，已经在本案例的上一步操作中获取；

请求发送后，服务器将返回包含 access_token 信息的应答 response。

可以通过以下代码完成上述操作：

```
import requests
import json

def get_access_token():                                    # 定义一个函数用于获取 access_token 信息
    url = "https://aip.baidubce.com/oauth/2.0/token? grant_type = client_credentials & client_id = 
(将创建的应用的 API Key 粘贴在此处) & client_secret = (将创建的应用的 Secret Key 粘贴在此处)"
    # 定义用于发送请求的 URL 字符串
    payload = json.dumps("")                               # 定义包含请求参数的 JSON 数据
    headers = {
        'Content - Type': 'application/json',
        'Accept': 'application/json'
    }   # 定义请求头
    response = requests.request("POST", url, headers = headers, data = payload)   # 发送请求,使用变量
                                                                                   # 接收响应结果
    return str(response.json().get("access_token"))        # 获取响应结果中的 access_token 信息
```

由上述代码可知,access_token 信息的获取主要通过向特定服务器地址发送 HTTP 请求并获取响应来实现,这网络爬虫请求网络数据的过程十分类似,因此也可以通过 Python 构建网络爬虫来实现。

首先导入必要的库文件,包括用于获取网页数据的 requests 库,本案例的网络请求是以 JSON 数据格式构建参数和返回结果的,因此还需要导入 JSON 库用于处理 JSON 格式的数据。

接下来构建了一个名为 get_access_token 的自定义函数,并定义了一个字符串用于描述请求所使用的 URL。其内容由两部分组成:第一部分为服务器的地址详见前言二维码,第二部分为请求所需要携带的参数信息,包括 client_id 和 client_secrect,分别对应先前创建人脸识别 API 应用服务时获取的 API Key 和 Secret Key(可直接粘贴到代码内)以及授权类型参数 grant_type。

除 URL 外,还需要定义请求可能携带的其他参数,包括携带的数据和请求头等。在本案例中,请求头信息使用一个字典类型的变量 headers 存放,字典内的键值对信息表示请求和接收的内容都是以 JSON 数据格式组织的;请求数据则使用一个 JSON 类型的变量 payload 存放,由于获取 Access_token 信息请求不需要发送其他数据,因此该 JSON 数据内没有放入实质性的内容。

完成相关参数的设置后,即可利用 requests 库中的 request() 函数向指定的服务器发送 HTTP 请求了,在 request() 函数的参数结构中,第一个参数 POST 用于设置请求方法为 POST(Post-Only State Transfer),这是一种常见的 HTTP 请求方法之一。当进行 POST 请求时,客户端向服务器发送数据,并请求服务器接收、处理并存储这些数据。在 POST 请求中,数据通常以请求体(Request Body)的形式发送,而不是像 GET 请求那样将数据附加在 URL 中。请求体中的数据可以是各种格式,例如 JSON、XML 或表单编码数据。除请求方式参数外,其他的参数用于指定请求 URL、请求头和数据等信息。

发送请求后,其结果将以 response 响应对象的形式返回,并存放在变量 response 中。根据请求头的设置,response 中的响应结果信息是以 JSON 数据格式组织的。JSON(JavaScript Object Notation)是一种轻量级的数据交换格式,它以易于阅读和编写的文本形式表示结构化数据。JSON 在 Web 开发、移动应用程序、API 通信等场景中被广泛应用,常用于数据的传输

和存储。它与许多编程语言都有相应的解析和生成库,方便开发人员进行数据的处理和交换。

通过以下代码可以显示返回的 JSON 数据信息:

```
print(response.json())
```

执行上面的代码后,得到的 JSON 数据信息如图 6-8 所示。由于返回的信息内容较多,因此仅显示了部分信息。可以看出,JSON 数据格式与 Python 中的字典数据类型类似,由大括号"{}"包围的键值对组成,每个键值对之间用逗号分隔。键是一个字符串,值可以是字符串、数字、布尔值、null、对象或数组。

```
输出内容过长,已自动对输出内容进行截断
{'refresh_token': '25.580260019a161077584894f0304dc40c.315360000.2004594053.282335-34800506', 'expires_in': 2592000, 'session_
key': '9mzdCXSQCrpBbSIRpkhOLAMzWr3RdUmGHvqbnfI4FFlX22GI6CrE5ViarqaDZ/eTwcHaZogQCfrE3CfSzE937p65t6AFRw==', 'access_token': '24.
2bcf954b5e076c647efaa1ae093e1a2d.2592000.1691826053.282335-34800506', 'scope': 'public brain_all_scope vis-faceverify_faceveri
fy_h5-face-liveness vis-faceverify_FACE_V3 vis-faceverify_idl_face_merge vis-faceverify_FACE_EFFECT vis-faceverify_face_beauty
vis-faceverify_face_feature_sdk brain_face_scene_scope wise_adapt lebo_resource_base lightservice_public hetu_basic lightcms_m
ap_poi kaidian_kaidian ApsMisTest_Test权限 vis-classify_flower 1pq_开放 cop_helloScope ApsMis_fangdi_permission smartapp_snsapi
_base smartapp_mapp_dev_manage iop_autocar oauth_tp_app smartapp_smart_game_openapi oauth_sessionkey smartapp_swanid_verify sm
artapp_opensource_openapi smartapp_opensource_recapi fake_face_detect_开放Scope vis-ocr_虚拟人物助理 idl-video_虚拟人物助理 smar
tapp_c
```

图 6-8 JSON 数据信息

在本案例中,想要获取的 access_token 信息就存放在键 access_token 对应的值中,可以通过调用 JSON 对象的 get()方法,并在圆括号中传入对应键的名称获取该信息。代码如下:

```
return str(response.json().get("access_token"))    #获取响应结果中的 access_token 信息
```

(3) 通过 Python 构建程序打开待识别人脸图片并转换为可用于处理的编码格式。

在本案例中,人脸识别操作的主要数据来源是包含了人像的图片文件,要对这些数据进行分析并提取人脸信息,首先需要对其进行读取和简单的预处理,利用 Python 语言可以打开本案例所涉及的人像素材文件①(见本案例 AI Studio 项目下的 pic 目录),并将其输出显示到屏幕中,主要代码如下:

```
import matplotlib.pyplot as plt
import matplotlib.image as mpimg

im_name = "PIC/090004.jpg"              #定义人像图片文件路径
def load_im(im_name):                   #定义一个函数用于加载并显示图片
    im = mpimg.imread(im_name)          #读取人像图片文件
    plt.imshow(im)                      #将图片显示在图形窗口中
    plt.show()                          #显示图形窗口的内容到屏幕中
```

首先导入必要的库文件,本案例主要使用 Matplotlib 库。Matplotlib 是一个功能强大且广泛使用的 Python 绘图库,可用于创建各种类型的静态、动态和交互式图表。它提供了一种类似于 MATLAB 的绘图接口,使得用户可以轻松地生成高质量的图形。通过代码"import matplotlib.pyplot as plt"可以导入 Matplotlib 库的 pyplot 模块,并为其指定了一个简短的别

---

① 本案例所使用的所有人像图片素材均通过 AI 生成,并非真实人物的图像,不存在肖像权与其他版权问题,如有疑问,可直接联系本书作者(email:shenbx1987@163.com)。

实验6 利用计算机视觉模型实现人脸识别

名 plt。pyplot 模块是 Matplotlib 库的一个子模块,提供了类似于 MATLAB 的绘图功能,方便用户进行数据可视化。代码"import matplotlib.image as mpimg"用于导入 Matplotlib 库的 image 模块,并为其指定了一个简短的别名 mpimg。image 模块提供了加载、显示和处理图像的功能。

接下来定义一个用于表达人像图片存储路径的字符串变量 im_name,并将需要处理的图像文件路径"PIC/090004.jpg"存入其中。随后定义了一个名为 load_im 的自定义函数,该函数需要传入一个名为 im_name 的变量用于存放文件路径信息。在函数内部,首先调用了 mpimg 模块的 imread() 函数根据传入的图片路径读取对应的图片并将其存储在变量 im 中,接下来使用 plt 模块的 plot() 函数根据传入的图片变量将其显示在图形窗口中,最后使用 plt 模块的 show() 函数将图形窗口显示在屏幕上。通过下列代码可以调用定义好的 load_im() 函数加载并显示指定的图片:

```
im_name = "PIC/090004.jpg"        # 定义人像图片文件路径
load_im(im_name)                  # 调用函数加载并显示图片
```

图片显示结果如图 6-9 所示。

图 6-9　图片显示结果

根据百度智能云平台的官方说明文档,进行人脸识别的图片需要经过 base64 编码才能被服务器处理。base64 编码是一种将二进制数据转换为可打印字符的编码方法。它将每 3 字节的二进制数据转换为 4 个可打印字符的形式,以便在文本协议中传输或存储二进制数据。通过导入 base64 库,可以完成 base64 编码和解码操作。下面是一个简单的示例,代码如下:

```
import base64

data = b"Hello, World!"                              # 待编码的数据(二进制形式)
encoded_data = base64.b64encode(data)                # 进行 base64 编码
encoded_string = encoded_data.decode("utf-8")        # 将编码结果转换为字符串形式
print(encoded_string)
```

首先通过 import 语句导入 base64 库,接下来定义一个变量用于存放带编码的字符串(注意需要再字符串前加上符号 b 将其以二进制形式存储），然后就可以通过调用 base64 库中的 b64encode()函数将传入的数据进行 base64 编码，将编码结果存储在变量 encoded_data 中。最后，使用 decode("utf-8")方法将编码结果转换为字符串形式，并将其存储在变量 encoded_string 中。最终打印出 base64 编码后的结果，如图 6-10 所示。

```
1  import base64
2
3  data = b"Hello, World!"# 待编码的数据（二进制形式）
4  encoded_data = base64.b64encode(data)# 进行 base64 编码
5  encoded_string = encoded_data.decode("utf-8")# 将编码结果转换为字符串形式
6  print(encoded_string)
```

SGVsbG8sIFdvcmxkIQ== 输出结果

图 6-10　打印出 base64 编码后的结果

在本案例中，可以通过如下代码对待识别的人像图片进行 base64 编码，使其成为能被人脸识别 API 应用服务处理的数据格式。

```
import base64

def get_file_content_as_base64(path):      # 定义一个函数用于图片转码,path 为图片文件路径
    with open(path, "rb") as f:            # 根据文件路径打开对应的文件
        content = f.read()
        content = base64.b64encode(content)
        content = content.decode("utf-8")
    return content
```

首先仍通过 import 语句导入 base64 库，接下来定义一个名为 get_file_content_as_base64 的自定义函数用于完成图片转码操作，该函数需要传入一个名为 path 的变量用于表示文件路径。在函数内部，首先利用 with open()语句打开指定路径的人像图片文件，并以二进制（binary）模式进行读取。文件对象被赋值给变量 f；然后使用文件对象的 read()方法读取人像图片文件的内容，将结果赋值为变量 content；接下来使用 base64 库中的 b64encode()函数对人像图片文件内容进行 base64 编码，将结果再次赋值给变量 content；最后利用 decode()函数对 base64 编码后的结果进行解码，将字节字符串转换为 Unicode 字符串，将结果再次赋值给变量 content 并返回。

通过下列代码可以调用定义好的 get_file_content_as_base64()函数读取图 6-9 所示的图片并进行 base64 编码，输出 Unicode 字符串结果，如图 6-11 所示。

```
im_name = "PIC/090004.jpg"
print(get_file_content_as_base64(im_name))
```

（4）通过 Python 构建程序调用人脸识别 API 应用服务接口，向服务器发送人脸识别请求和数据，并获取应答信息。

完成前文所述的准备工作后，就可以通过 Python 构建程序调用人脸识别 API 应用服务接口进行应用了，主要代码如下：

```
1  im_name="PIC/090004.jpg"
2  print(get_file_content_as_base64(im_name))
```

输出内容过长，已自动对输出内容进行截断　　　　　　　　　输出结果

```
/9j/4AAQSkZJRgABAQAAAQABAAD/2wBDAAEBAQEBAQEBAQEBAQEBAQIBAQEBAIBAQECAgICAgIDAwQDAwMDAwICAwQDAwQEBAQEAgMF
BQQEBQQEBAT/2wBDAQEBAQEBAQIEAwIDBAQEBAQEBAQEBAQEBAQEBAQEBAQEBAQEBAQEBAT/wAAR
CAQABAADAREAAhEBAxEB/8QAHwAAAQUBAQEBAQEAAAAAAAAAECAwQFBgcICQoL/8QAtRAAAgEDAwIEAwUFBAQAAAF9AQIDAAQRBRIhMUEG
E1FhBgJxFDKBkaEII0KxwRVS0fAkM2JygkKFhcYGRolJicoKSo0NTY3ODk6Q0RFRkdISUpTVFVWV1hZWmNkZWZnaGlqc3R1dnd4eXqDhIWG
h4iJipKTlJWWl5iZmqKjpKWmp6ipqrKztLW2t7i5usLDxMXGx8jJytLT1NXW19jZ2uHi4+Tl5ufo6erx8vP09fb3+Pn6/8QAfwEAAwEB
AQEBAQEBAQAAAAAAAAECAwQFBgcICQoL/8QAtREAAgECBAQDBAcFBAQAAQJ3AAECAxEEBSExBhJBUQdhcRMiMoEIFEKRobHBCSMzUvAVYnLRChYkNOEl8RcYGRomJygpKjU2Nzg5OkNERUZHSElKU1RVVldYWVpjZGVmZ2hpanN0dXZ3eHl6goOEhYaHiImKkpOUlZaXmJmaoqOkpaanqKmqsrO0tba3uLm6wsPExcbHyMnK0tPU1dbX2Nna4uPk5ebn6Onq8vP09fb3+Pn6
NOE18RcYGRomJygpKjU2Nzg5OkNERUZHSElKU1RVVldYWVpjZGVmZ2hpanN0dXZ3eHl6goOEhYaHiImKkpOUlZaXmJmaoqOkpaanqKmqsrO0tba3uLm6wsPExcbHyMnK0tPU1dbX2Nna4uPk5ebn6Onq8vP09fb3+Pn6/9oADAMBAAIRAxEAPwD+wCyt1tE2RoI1ABGD6GK
ckr/ACCPuHKU4K+v+nfn8zQ81cbT+ecbOCcHg8d6FGnN7aF/kYN7RtRRpJsjo159hvntkNgfX
C8j8KJQpvaK+4uEWvfu7bbv/MT
```

图 6-11　输出 Unicode 字符串结果

```python
import requests
import json

def get_img_repsonse(path):                    # 定义一个函数用于调用人脸识别 API，path 为图片文件路径
    access_token = get_access_token()          # 调用函数获取 access_token 信息
    url = "https://aip.baidubce.com/rest/2.0/face/v3/detect?access_token=" + access_token
    # 定义用于发送请求的 URL 字符串
    headers = {                                # 定义请求头
        'Content-Type': 'application/json'
    }
    img = get_file_content_as_base64(path)
    payload = json.dumps({                     # 定义包含请求参数的 JSON 数据
        "image":img,
        "image_type":"BASE64",
        "max_face_num":10,
        "face_field":"age,expression,face_shape,gender,glasses,quality,eye_status,emotion,face_type,mask,spoofing,beauty"
    })
    res = requests.request("POST", url, headers=headers, data=payload)   # 发送请求，使用变量接收
                                                                          # 响应结果
    return res.json()                          # 以 JSON 数据格式返回响应结果信息
```

首先导入必要的库文件，包括用于发送接收 HTTP 请求的 requests 库和用于处理 JSON 格式数据的 json 库。接下来定义一个名为 get_img_repsonse 的自定义函数完成人脸识别 API 应用服务接口的调用，该函数需要传入一个名为 path 的变量用于存放待识别的人像图片文件路径。人脸识别 API 应用服务接口的调用方式与获取 access_token 信息类似，也需要以 POST 的方式向人脸识别服务器发送 HTTP 请求，并将先前获取的 access_token 信息附加在 URL 中。因此，在函数内部首先需要调用先前构建的 get_access_token() 函数获取 access_token 信息，并将其加入用于发送请求的 URL 字符串末尾。接下来需要构建请求头和数据信息，其中请求头与获取 access_token 信息时类似，设置请求内容格式为 JSON 数据格式即可。请求数据信息则需要通过 json 库的 dumps() 函数，以字典的形式构建需要发送的请求数据内容。

根据百度智能云平台的官方说明文档，人脸识别 API 应用服务需要提供多个参数以确定输入和输出的数据信息，部分请求参数内容及设置说明如表 6-1 所示。

表 6-1 部分请求参数内容及设置说明

参数名称	是否必需	数据类型	说明
image	是	string	待识别的人像图片数据（总数据大小应小于 10MB），数据格式及发送方式根据 image_type 参数结果判断
image_type	是	string	图片类型，包括以下类型。 BASE64：传入 base64 编码后的图片数据，编码后的图片大小不超过 2MB； URL：传入图片的 URL 地址（可能由于网络等原因导致下载图片时间过长）； FACE_TOKEN：人脸图片的唯一标识，调用人脸检测接口时，会为每个人脸图片赋予一个唯一的 FACE_TOKEN，同一张图片多次检测得到的 FACE_TOKEN 是同一个
face_field	否	string	用于设置返回的人脸识别结果内容，可以包含下面内容的 1 个或多个（如不设置，则只返回 FACE_TOKEN）人脸位置等基本信息。 age：返回识别出的人脸年龄信息； expression：返回识别出的人脸表情信息； face_shape：返回识别出的人脸脸型信息； gender：返回识别出的人脸性别信息； glasses：返回识别出的人脸是否佩戴眼镜的信息； landmark/landmark150：返回识别出的人脸中 72 个/150 个特征点的位置坐标信息； quality：返回识别出的人脸质量信息，包括各部位是否遮挡、是否模糊、是否完整等； eye_status：返回识别出的人脸双眼状态信息，如眼镜睁开或闭合等； emotion：返回识别出的人脸的情绪信息； face_type：返回识别出的人脸是否是真实/卡通人脸信息； mask：返回识别出的人脸是否佩戴口罩的信息； spoofing：返回识别出的人脸是否为 AI 合成图片的信息； beauty：返回识别出的人脸的颜值信息
max_face_num	否	uint32	最多处理人脸的数目，默认值为 1，根据人脸检测排序类型检测图片中排序第一的人脸（默认为人脸面积最大的人脸），最大值为 120
face_type	否	string	人脸的类型，具体包括以下类型（默认为 LIVE）。 LIVE：表示生活照，通常为手机、相机拍摄的人像图片，或从网络获取的人像图片等； IDCARD：表示身份证芯片照，即二代身份证内置芯片中的人像照片； WATERMARK：表示带水印证件照，一般为带水印的小图，如公安网小图； CERT：表示证件照片，如拍摄的身份证、工卡、护照、学生证等证件图片

在本案例中,通过调用前文构建的 get_file_content_as_base64() 函数获取待识别的人脸图片文件的 base64 编码,并作为 image 参数的内容放入请求中,同时将 image_type 设置为 base64。接下来设置最大人脸识别数量为 10,并将 age、expression、face_shape 等内容设置到返回结果参数 face_field 中。其他参数均设置为默认值。

最后,使用 requests 库的 request() 函数将上述信息加入请求,发送至人脸识别 API 应用服务器,并将返回的响应结果存放至变量 res 中。如前文所述,响应结果中的内容是以 JSON 数据格式形式组织的。通过下列代码可以调用定义好的 get_img_repsonse() 函数,得到图 6-9 对应的人脸识别结果并进行显示,得到的响应结果 JSON 数据内容如图 6-12 所示。

```
im_name = "PIC/090004.jpg"
print(get_img_repsonse(im_name))
```

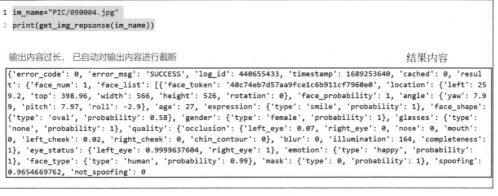

图 6-12 响应结果 JSON 数据内容

(5) 通过 Python 构建程序解析返回的信息,输出想要的结果。

由图 6-12 可知,服务器返回的人脸识别分析结果是以 JSON 数据格式组织的,除了基本的识别状态信息外,需要重点关注的是 result 键对应的值,即各类人脸信息的识别结果,其内容也是由类似字典的 JSON 数据格式组织的,不同类型的结果分别存放在由不同的键值对形成的节点中,其整体呈树状结构,如图 6-13 所示。

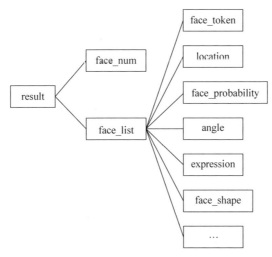

图 6-13 人脸识别结果树状结构

在 result 节点下，包含两个子节点，其中 face_num 用于记录识别到的人脸数量(不会超过 max_face_num 的值)，face_list 则用于存放每个识别到的人脸的具体信息，其下方又包含多个子节点分别存放具体的信息内容，face_list 节点下与本案例密切相关的子节点信息如表 6-2 所示。

表 6-2 face_list 节点下与本案例密切相关的子节点信息

节点名称	子节点名称	是否必需	数据类型	值说明
face_token		是	string	人脸图片的唯一标识(有效期为 60 分钟)
face_probability		是	double	人脸置信度，代表这是一张人脸的概率，取值范围为 0～1，其取值越大，表示是人脸的概率越高
age		否	double	人脸的年龄，当 face_field 包含 age 时返回
expression	type	否	string	人脸的表情，当 face_field 包含 expression 时返回，取值包括：none(不笑)；smile(微笑)；laugh(大笑)
	expression	否	double	表情置信度，即人脸表情识别正确的概率，取值范围为 0～1，其取值越大，表示表情识别结果的可信度越高
face_shape	type	否	string	人脸的形状，当 face_field 包含 face_shape 时返回，取值包括：square(正方形)；triangle(三角形)；oval(椭圆)；heart(心形)；round(圆形)
	expression	否	double	脸型置信度，即脸型识别正确的概率，取值范围为 0～1，其取值越大，表示脸型识别结果的可信度越高
gender	type	否	string	人脸的性别，当 face_field 包含 gender 时返回，取值包括：male(男性)；female(女性)
	expression	否	double	性别置信度，即性别识别正确的概率，取值范围为 0～1，其取值越大，表示性别识别结果的可信度越高
glasses	type	否	string	是否戴眼镜，当 face_field 包含 glasses 时返回，取值包括：none(无眼镜)；common(普通眼镜)；sum(墨镜)
	expression	否	double	眼镜置信度，即眼镜识别正确的概率，取值范围为 0～1，其取值越大，表示眼镜识别结果的可信度越高
emotion	type	否	string	人脸的情绪信息，当 face_field 包含 emotion 时返回，取值包括 angry(愤怒)；disgust(厌恶)；fear(恐惧)；happy(高兴)；sad(伤心)；surprise(惊讶)；neutral(无表情)；pouty(撅嘴)；grimace(鬼脸)
	expression	否	double	情绪置信度，即情绪识别正确的概率，取值范围为 0～1，其取值越大，表示情绪识别结果的可信度越高
mask	type	否	string	佩戴口罩信息，当 face_field 包含 mask 时返回，取值包括：0(没戴口罩)；1(佩戴口罩)
	expression	否	double	佩戴口罩置信度，即口罩识别正确的概率，取值范围为 0～1
spoofing		否	double	判断图片是否为 AI 合成图片，当 face_field 包含 spoofing 时返回，取值范围为 0～1，表示图片为 AI 合成图片的概率，根据百度智能云平台的官方说明文档，建议当其取值超过 0.000 48 时即可认定人脸为 AI 合成图片
beauty		否	double	人脸颜值打分信息，当 face_field 包含 beauty 时返回，取值范围为 0～100，其结果基于人脸的特征和属性进行综合分析和计算得出，具有主观性，仅供参考

以表 6-2 为参考，可以使用类似 Python 字典数据类型的管理方法解析其中的信息并予以显示。相关代码如下：

```
#定义一个字典用于判别人脸情感分析结果并输出
emo = {"angry":"愤怒","disgust":"厌恶","fear":"恐惧","happy":"高兴","sad":"伤心","surprise":"惊讶","neutral":"无表情","pouty": "撅嘴","grimace":"鬼脸","": "无法判断"}

def show_face_info(content):      #定义一个函数用于解析并输出人脸识别结果,content 为服务器返回的人
                                  #脸识别 JSON 格式数据
    face_list = content.get("result").get("face_list")     #获取识别到的人脸列表
    print("共识别到" + str(len(face_list)) + "张人脸")      #输出人脸识别数量
    i = 1                                                  #定义计数器
    for face in face_list:                                 #构建循环输出每一张人脸识别的信息
        print("第" + str(i) + "张人脸")
        print("这张脸的年龄是：{:.1f}".format(face["age"]))    #输出人脸年龄信息
        print("这张脸是：{}".format("男的" if face["gender"]["type"] == "male" else "女的"))
        #输出人脸性别信息
        print("这张脸{}".format("没笑" if face["expression"]["type"] == "none" else "在笑"))
        #输出人脸表情信息
        print("这张脸的表情是：{}".format(emo[face["emotion"]["type"]]))    #输出人脸情绪信息
        print("这张脸的颜值分数是：{:.1f}".format(face["beauty"]))           #输出人脸颜值信息
        print("这张脸是合成图吗：{}".format("是" if face["spoofing"] > 0.00048 else "不是"))
        #输出人脸是否为合成图信息
        i += 1                                             #计数器更新
```

首先定义了一个字典用于判别人脸情感分析结果，接下来定义一个名为 show_face_info 的函数用于解析并输出人脸识别结果，该函数需要传入一个名为 content 的参数用于存储接收到的 JSON 数据。在函数内部，首先通过调用 JSON 数据对象的 get() 函数获取 result 节点的内容，并再次调用 get() 函数继续获取 face_list 节点的内容，即可将所有识别到的人脸结果以列表类型存放到变量 face_list 中。接下来即可构建循环语句遍历列表中的每个元素（即每张人脸信息），并按照表 6-2 中显示的结构，以字典索引的方式提取对应的结果信息并显示。

① 年龄信息通过索引 age 节点的内容获取。

② 性别信息通过索引 gender 节点下的子节点 type 的内容获取，根据表 6-2 中的说明，返回结果 male 和 female 分别代表男性和女性，因此可以使用如下 if 判断语句完成性别结果输出：

```
if face["gender"]["type"] == "male":
    print("这张脸是：男的")
else:
    print("这张脸是：女的")
```

为了简化代码，也可以将 if 条件判断语句写在一个代码行中，如下所示：

```
"男的" if face["gender"]["type"] == "male" else "女的"
```

上面的代码表示根据 face["gender"]["type"] 索引到的内容进行条件判断，如果值为

male 则返回字符串"男的",否则返回字符串"女的"。

③ 表情信息通过索引 expression 节点下的子节点 type 的内容获取。

④ 情感信息通过索引 emotion 节点下的子节点 type 的内容获取英文的情感结果,再利用英文结果在字典变量 emo 中进行索引即可返回中文的情感结果信息。

⑤ 颜值分数信息通过索引 beauty 节点中的内容获取。

⑥ 是否为 AI 合成图片信息通过索引 spoofing 节点中的内容获取为 AI 合成图片的概率值,并按照表 6-2 中的说明进行判断,当概率大于 0.000 48 时,则认为输入的人脸图片为 AI 合成图片。

通过下列代码可以调用构建好的 show_face_info() 函数,输出图 6-9 对应的人脸识别结果,如图 6-14 所示。可以看出,人脸识别模型准确输出了图中人像的性别、表情和情绪信息,并判断出该图片为 AI 合成图片。实际上,百度智能云提供的人脸识别模型会根据人脸图片提取的人脸特征点位置,再结合大量的训练数据和机器学习技术,通过分析大量的人脸图像,学习和捕捉人类人脸年龄、情绪、颜值等信息的主观评价模式。因此,该模型能够准确地预测并判断大部分的人脸特征信息并得出结论,当然,部分计算结果(如颜值等)带有一定的主观性,可能出现一定的误差。

```
im_name = "PIC/090004.jpg"
content = get_img_repsonse(im_name)
show_face_info(content)
```

```
1  im_name="PIC/090004.jpg"
2  content = get_img_repsonse(im_name)
3  show_face_info(content)

共识别到1张人脸
第1张人脸
这张脸的年龄是: 27.0
这张脸是: 女的
这张脸在笑
这张脸的表情是: 高兴
这张脸的颜值分数是: 61.9
这张脸是合成图吗: 是
```

图 6-14　和图 6-9 对应的人脸识别结果

本案例完整代码如下:

```
import base64
import requests
import json
import matplotlib.pyplot as plt
import matplotlib.image as mpimg

im_name = "PIC/090004.jpg"           #定义人像图片文件路径
#定义一个字典用于判别人脸情感分析结果并输出
emo = {"angry":"愤怒","disgust":"厌恶","fear":"恐惧","happy":"高兴","sad":"伤心","surprise":"惊讶","neutral":"无表情","pouty": "撅嘴","grimace":"鬼脸",'':'无法判断'}
```

```python
def get_access_token():                                    # 定义一个函数用于获取 access_token 信息
    url = "https://aip.baidubce.com/oauth/2.0/token?grant_type = client_credentials& client_id =
eQaYNyHGYR9TYrQhFnWQ9N9Q&client_secret = oALZ7A8G2V1zdhhHXtjD53zMcGhB6H4y"      # 定义用于发送请求
                                                           # 的 URL 字符串
    payload = json.dumps("")                               # 定义包含请求参数的 JSON 数据
    headers = {
        'Content-Type': 'application/json',
        'Accept': 'application/json'
    }                                                      # 定义请求头
    response = requests.request("POST", url, headers = headers, data = payload)   # 发送请求,使用变量
                                                           # 接收响应结果
    return str(response.json().get("access_token"))        # 获取响应结果中的 access_token 信息

def load_im(im_name):                                      # 定义一个函数用于加载并显示图片
    im = mpimg.imread(im_name)                             # 读取人像图片文件
    plt.imshow(im)                                         # 将图像显示在图形窗口中
    plt.show()                                             # 显示图形窗口的内容到屏幕中

def get_file_content_as_base64(path):                      # 定义一个函数用于图片转码,path 为图片文件路径
    with open(path, "rb") as f:                            # 根据文件路径打开对应的文件
        content = f.read()
        content = base64.b64encode(content)
        content = content.decode("utf-8")
    return content

def get_img_repsonse(path):                                # 定义一个函数用于调用人脸识别 API,path 为图
                                                           # 片文件路径
    access_token = get_access_token()                      # 调用函数获取 access_token 信息
    url = "https://aip.baidubce.com/rest/2.0/face/v3/detect?access_token = " + access_token
    # 定义用于发送请求的 URL 字符串
    headers = {                                            # 定义请求头
        'Content-Type': 'application/json'
    }
    img = get_file_content_as_base64(path)
    payload = json.dumps({                                 # 定义包含请求参数的 JSON 数据
        "image":img,
        "image_type": "BASE64",
        "max_face_num":10,
        "face_field": "age, expression, face_shape, gender, glasses, quality, eye_status, emotion, face_type, mask, spoofing, beauty"
    })
    res = requests.request("POST", url, headers = headers, data = payload)    # 发送请求,使用变量
                                                           # 接收响应结果
    return res.json()                                      # 以 JSON 数据格式返回响应结果信息

def show_face_info(content):                               # 定义一个函数用于解析并输出人脸识别结果
                                                           # content 为服务器返回的人脸识别 JSON 格式数据
    face_list = content.get("result").get("face_list")     # 获取识别到的人脸列表
    print("共识别到" + str(len(face_list)) + "张人脸")      # 输出人脸识别数量
    i = 1                                                  # 定义计数器
```

```
        for face inface_list:                                    # 构建循环输出每一张人脸识别的信息
            print("第" + str(i) + "张人脸")
            print("这张脸的年龄是:{:.1f}".format(face["age"]))    # 输出人脸年龄信息
            print("这张脸是:{}".format("男的" if face["gender"]["type"] == "male" else "女的"))
            # 输出人脸性别信息
            print("这张脸{}".format("没笑" if face["expression"]["type"] == "none" else "在笑"))
            # 输出人脸表情信息
            print("这张脸的表情是:{}".format(emo[face["emotion"]["type"]]))    # 输出人脸情绪信息
            print("这张脸的颜值分数是:{:.1f}".format(face["beauty"]))           # 输出人脸颜值信息
            print("这张脸是合成图吗:{}".format("是" if face["spoofing"] > 0.00048 else "不是"))
            # 输出人脸是否为合成图信息
            i += 1                                                # 计数器更新

    def main(im_name):                                            # 定义主函数用于执行人脸识别
        load_im(im_name)
        content = get_img_repsonse(im_name)
        show_face_info(content)

    main(im_name)                                                 # 调用主函数执行人脸识别
```

下面可以以本案例素材中的其他图片为输入,测试人脸识别模型是否能够识别不同性别、年龄、表情的人脸图像,以及是否能同时识别一张图片中的多张人脸,其他图片的人脸识别结果如图 6-15 所示。本案例素材中的其他人像图片,可以由读者自行完成测试并观察期输出结果。

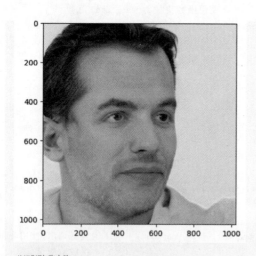

图 6-15 其他图片的人脸识别结果

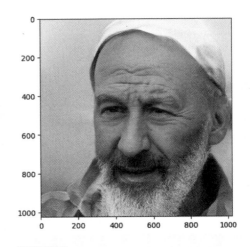

共识别到1张人脸
第1张人脸
这张脸的年龄是：66.0
这张脸是：女的
这张脸在笑
这张脸的表情是：高兴
这张脸的颜值分数是：33.5
这张脸是合成图吗：不是

素材：090377.jpg

共识别到1张人脸
第1张人脸
这张脸的年龄是：74.0
这张脸是：男的
这张脸在笑
这张脸的表情是：高兴
这张脸的颜值分数是：18.2
这张脸是合成图吗：不是

素材：090530.jpg

共识别到2张人脸
第1张人脸
这张脸的年龄是：31.0
这张脸是：男的
这张脸没笑
这张脸的表情是：高兴
这张脸的颜值分数是：72.8
这张脸是合成图吗：不是
第2张人脸
这张脸的年龄是：28.0
这张脸是：女的
这张脸在笑
这张脸的表情是：高兴
这张脸的颜值分数是：63.1
这张脸是合成图吗：不是

素材：090020.jpg

图 6-15 （续）

本案例仅应用了百度智能云平台提供的部分人脸识别功能。实际上，该平台还提供了众多其他人脸识别以及人工智能相关应用，如语音识别、文字识别、图像搜索、机器翻译、数字人、智能创作等，读者可以在百度智能云平台和相关说明文档的指引下，自行尝试体验这些大数据与人工智能的前沿应用。

实验 7

利用Python获取网络数据

【实验目的】

网络爬虫是大数据时代获取数据的重要工具,通过爬取网络上丰富的原始数据和信息,可以为进一步的数据分析和决策提供支持。网络爬虫能按照一定的规则,自动地抓取万维网信息的程序或者脚本,这些信息可以是文本、图片、视频、音频等形式,进而实现自动化的信息采集和数据生成。本实验将通过两个实验案例介绍利用 Python 语言构建网络爬虫并实现网络数据获取的操作方法,引导读者熟悉如何使用 Python 中的 requests 库、re 库和 lxml 库来完成爬虫任务,从而达到以下目的:

(1) 掌握 Python 第三方库 requests 的安装与使用。
(2) 掌握 Python 正则表达式库 re 的导入与使用。
(3) 掌握 HTML 源代码的解析方法。
(4) 掌握 Python 第三库 lxml 的安装与使用。
(5) 掌握通过浏览器复制 XPath 的方法。
(6) 掌握 csv 库将数据写入 Excel 文件。

【实验环境】

(1) 台式计算机或笔记本计算机,接入 Internet。
(2) Windows 10 中文旗舰版。
(3) Python 3.9 及以上版本。

【实验内容】

(1) 使用 Python 的正则表达式库获得中南财经政法大学教务部新闻。
(2) 使用 Python 的 XPath 库获取百度热搜。

【实验素材】

本章案例素材已通过百度 AI Studio 平台项目公开共享。
(1) 使用 Python 获取中南财经政法大学教务部新闻(地址详见前言二维码)。
(2) 使用 Python 的 XPath 库获取百度热搜(地址详见前言二维码)。

实验7　利用Python获取网络数据

7.1　使用 Python 获取中南财经政法大学教务新闻

【实验要求】

（1）安装第三方 requests 库。

（2）使用浏览器查看中南财经政法大学教务部的通知公告网站网页源代码。

（3）通过正则表达式获取所有教务部通知的标题和发表日期。

（4）将数据写入 Excel 文件。

【实验步骤】

（1）安装 Python 第三方库 requests。

在 Windows 环境下，单击左下角的"开始"菜单，选择"附件"→"命令提示符"命令，也可通过按 Win+R 组合键打开运行窗口，输入 cmd 并按下 Enter 键，弹出命令提示符（CMD）对话框，如图 7-1 所示。

图 7-1　选择"附件"→"命令提示符"命令

输入命令 pip install requests 开始安装 requests 库，如图 7-2 所示，该状态需要联网，出现 requests successfully installed 表示安装成功，如果安装失败则有可能是 Python 环境变量问题，需要重新安装 Python。

（2）查看网页源代码。

用浏览器打开中南财经政法大学教务部通知公告网页（地址详见前言二维码），如图 7-3 所示。

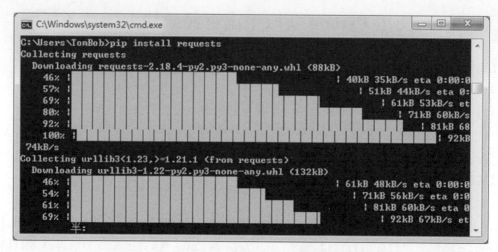

图 7-2 输入命令 pip install requests 开始安装 requests 库

图 7-3 用浏览器打开中南财经政法大学教务部通知公告网页

在网页空白处右击,在弹出快捷菜单中选择"查看网页源代码"命令,如图 7-4 所示。

进入网页源代码页面,接下来可以通过网页内容查找工具(按 Ctrl+F 组合键)在源代码页面中查找需要获取的关键词,在网页源代码中搜索标题"欢迎关注中南财经政法大学教务部微信公众号",找到该标题对应的源代码位置,如图 7-5 所示。

实验7 利用Python获取网络数据

图 7-4 选择"查看网页源代码"命令

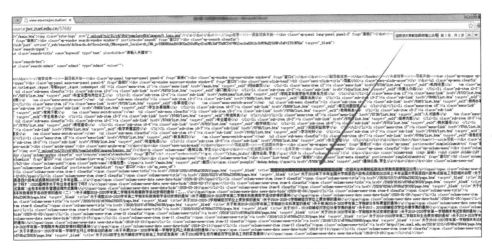

图 7-5 标题对应的源代码位置

(3) 解析网页源代码。

接下来根据相关信息分析网页源代码,构建抽取模式。通过观察可以发现,标题"欢迎关注中南财经政法大学教务部微信公众号"的代码模式如图 7-6 所示。

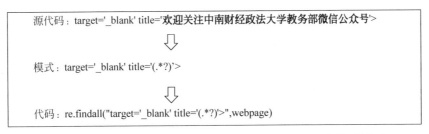

图 7-6 标题"欢迎关注中南财经政法大学教务部微信公众号"的模式

图 7-6 中的粗体部分"欢迎关注中南财经政法大学教务部微信公众号"是需要从网页源代码中抽取的内容,只需要把粗体部分替换为(.*?)就变成所需要的模式,最后在 Python 代码中使用 re.findall("target='_blank' title='(.*?)>",webpage),会把 webpage(HTML 源代码)中所有满足模式条件的字符串以列表的形式返回。

同理,在网页源代码中搜索日期"2019-12-03",如图 7-7 所示。

图 7-7　在网页源代码中搜索日期"2019-12-03"

通过观察可以发现,日期"2019-12-03"的模式如图 7-8 所示。

源代码：`<span class="column-news-date news-date-hide">`**2019-12-03**`</span>`

⇩

模式：`<span class="column-news-date news-date-hide">`(.*?)`</span>`

⇩

re.findall('`<span class="column-news-date news-date-hide">`(.*?)`</span>`',webpage)

图 7-8　日期"2019-12-03"的模式

图 7-8 中的粗体部分"2019-12-03"是需要从网页源代码中抽取的内容,只需要把粗体部分替换为(.*?)就变成所需要的模式,最后在 Python 代码中使用 re.findall('<span class="column-news-date news-date-hide">(.*?)</span>',webpage),会把 webpage(HTML 源代码)中所有满足模式条件的字符串以列表的形式返回。

(4) 构建 Python 语句爬取标题和日期。

获取教务部首页的标题和日期的完整代码如图 7-9 所示。

为了能够获取所有的通知,实现自动翻页,观察每次翻页后网址的变化规律,如图 7-10 所示。

通过分析可知这些网址都以 http://jwc.zuel.edu.cn/5768/list 为开头,以 htm 为结尾,中间的数字代表了页码并不断变化,所以使用 for 循环连续生成翻页网址,如图 7-11 所示。

这里通过循环结构 for i in range(1,13+1),可以生成 1~13 的序列,通过语句 url=lefturl+str(i)+righturl,将完整的 url 通过加号拼接起来,形成完整的 url。通过翻页功能形

```
import re # 引入正则库
import requests # 引入requests库
url='http://jwc.zuel.edu.cn/5768/' # 设置需要访问的URL网址
response=requests.get(url) # 访问中南财经政法大学教务部通知公告网页
response.encoding='utf-8' # 设置编码格式为utf-8,防止乱码
webpage=response.text # webpage中获取网页源代码
titles=re.findall("target='_blank' title='(.*?)'>",webpage) # 获取所有标题
dates=re.findall('<span class="column-news-date news-date-hide">(.*?)</span>',webpage)
#获取日期
for title in titles: # 依次打印所有标题
    print(title)
for date in dates: #依次打印所有日期
    print(date)
```

图 7-9　获取教务部首页的标题和日期的完整代码

```
第1页：http://jwc.zuel.edu.cn/5768/list1.htm
第2页：http://jwc.zuel.edu.cn/5768/list2.htm
…
第13页：http://jwc.zuel.edu.cn/5768/list13.htm
```

图 7-10　观察每次翻页后网址的变化规律

```
lefturl= "http://jwc.zuel.edu.cn/5768/list"
righturl=".htm"
for i in range(1,13+1):
    url=lefturl+str(i)+righturl
    print(url)
```

图 7-11　使用 for 循环连续生成翻页网址

成新的代码获得所有标题和日期,如图 7-12 所示。

(5) 将结果保存为 Excel 表。

为了将数据存入 Excel,需要引入 csv 库,在操作 Excel 表格时,需将 Excel 数据转换为一个二维列表,如图 7-13 所示。

在图 7-12 中的代码里,对获取的新闻标题和日期选择直接打印至屏幕输出,若要将其存入 Excel 表格保存,则需要使用 append() 方法将其存入列表中,于是定义两个新的空白列表 titlelist 和 datelist,将循环中的 title 和 date 添加到列表中,如图 7-14 所示。

```
import re # 引入正则库
import requests # 引入requests库
lefturl= "http://jwc.zuel.edu.cn/5768/list" # 每页URL左边部分
righturl=".htm" # 每页URL右边部分
for i in range(1,13+1): # 让i形成1~13的序列
    url=lefturl+str(i)+righturl # 形成每页的URL
    response=requests.get(url) # 访问中南财经政法大学教务部通知公告网页
    response.encoding='utf-8' # 设置编码格式为utf-8，防止乱码
    webpage=response.text # webpage中获取网页源代码
    titles=re.findall("target='_blank' title='(.*?)'>",webpage) # 获取所有标题
    dates=re.findall('<s class="column-news-date news-date-hide">(.*?)</span>', webpage) # 获取日期
    for title in titles: # 依次打印所有标题
        print(title)
    for date in dates: # 依次打印所有日期
        print(date)
```

图 7-12　通过翻页功能形成新的代码获得所有标题和日期

标题1	日期1
标题2	日期2
标题3	日期3

```
rows=[
    ['标题1','日期1'],
    ['标题2','日期2'],
    ['标题3','日期3']
]
```

图 7-13　将 Excel 数据转换为一个二维列表

```
for title in titles:                    for title in titles:
    print(title)          ⟹                titlelist.append(title)
for date in dates:                      for date in dates:
    print(date)                             datelist.append(date)
```

图 7-14　将循环中的 title 和 date 添加到列表中

需要将 titlelist 的每一个元素和 datelist 的每个元素组对，形成如图 7-13 所示的结构，需要通过 zip() 方法进行列表合并，如图 7-15 所示。

```
titlelist=[标题1，标题2，标题3，…，标题n]
datelist=[日期1，日期2，日期3，…，日期n]
                                newlist=zip(titlelist,datelist)
newlist=[(标题1,日期1), (标题2,日期2),…,(标题n,日期n)]
```

图 7-15　通过 zip() 方法进行列表合并

新的列表形成之后,将其列表写入 Excel,如图 7-16 所示。

```
file=open('download.csv','w',newline='')
f_csv=csv.writer(file) # 准备写入
f_csv.writerows(newlist) # 写入数据
file.close() # 关闭文件
```

图 7-16　将其列表写入 Excel

在写入数据时,需要用 open()方法建立一个 csv 文件并打开它,即 file＝open('download.csv','w',newline＝'')。open()函数的第一个参数 download.csv 是需要打开的文件名字,第二个参数 w 代表以写入的方式打开文件,第三个参数 newline＝''表示在行与行不需要空行。

获取标题和日期并写入 Excel 文件的完整代码,如 7-17 所示。

```python
import re # 引入正则库
import requests # 引入requests库
import csv # 引入csv库
lefturl= "http://jwc.zuel.edu.cn/5768/list" # 每页URL左边部分
righturl=".htm" # 每页URL右边部分
datelist=[] # 用于存储所有日期的列表
titlelist=[] # 用于存储所有标题的列表
for i in range(1,13+1): # 让i形成1到13的序列
    url=lefturl+str(i)+righturl # 形成每页的URL
    response=requests.get(url) # 访问中南财经政法大学教务部通知公告网页
    response.encoding='utf-8' # 设置编码格式为utf-8,防止乱码
    webpage=response.text # webpage中获取网页源代码
    titles=re.findall("target='_blank' title='(.*?)'>",webpage) # 获取所有标题
    dates=re.findall('<span class="column-news-date news-date-hide">(.*?)</span>',webpage) # 获取日期
    for title in titles: # 将title加入列表
        titlelist.append(title)
    for date in dates: # 将date加入列表
        datelist.append(date)
newlist=zip(titlelist,datelist) # 为了写入Excel文件将列表合并
file=open('download.csv','w',newline='') # 打开Excel文件
f_csv=csv.writer(file) # 准备写入
f_csv.writerows(newlist) # 写入数据
file.close() # 关闭文件
print(len(titlelist), "条数据写入download.csv文件中")
```

图 7-17　获取标题和日期并写入 Excel 文件的完整代码

该程序运行后会在当前目录下形成一个名为 download 的 Excel 文件，获取到的新闻标题及日期内容如图 7-18 所示。

图 7-18　获取到的新闻标题及日期内容

7.2　使用 XPath 获取百度热搜

【实验要求】

（1）安装第三方 requests、lxml 库。

（2）使用浏览器查看百度热搜网页源代码。

（3）获取所需关键信息的 XPath。

（4）通过 XPath 获取百度热搜标题和热搜指数。

（5）将数据写入 Excel 表。

【实验步骤】

（1）安装 Python 第三方库 requests 和 lxml。

使用 7.1 节类似的方式进入命令提示符对话框，输入命令 pip install lxml 开始安装 lxml 库，如图 7-19 所示，该状态需要联网，出现 Successfully installed lxml-4.9.3 表示安装成功，如果安装失败则有可能是 Python 环境变量问题，需要重新安装 Python。

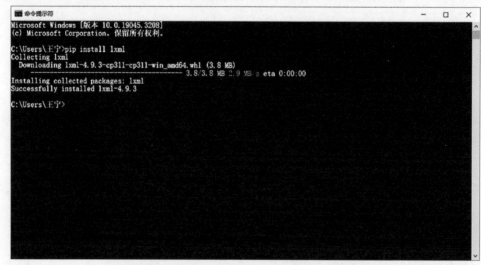

图 7-19　输入命令 pip install lxml 开始安装 lxml 库

实验7　利用Python获取网络数据

(2) 查看百度热搜网页源代码。

用浏览器打开百度热搜网页(地址详见前言二维码),如图 7-20 所示(热搜网页内容会根据实时热点信息发生变化)。

图 7-20　打开百度热搜网页

在打开的页面中按 F12 键进入网页开发者模式查看网页源代码,如图 7-21 所示(不同浏览器界面可能有一定差异)。

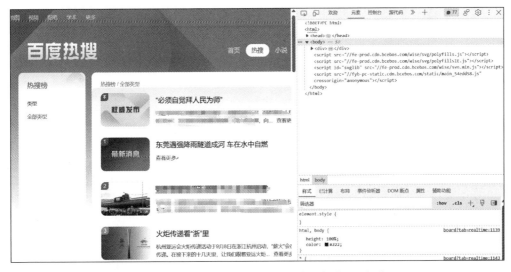

图 7-21　按 F12 键进入网页开发者模式查看网页源代码

(3) 获取所需关键信息的 XPath。

XPath 是一门在 XML 文档中查找信息的语言。为了获取网页中所需要的关键信息,需要查找待获取的关键词(如热搜标题信息)并复制关键词的 XPath,步骤如下。

① 单击右侧源代码区域左上方的箭头按钮，如图 7-22 所示。

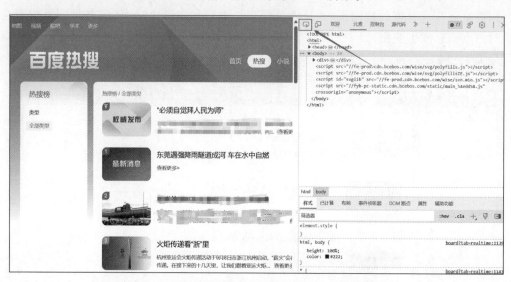

图 7-22 单击右侧源代码区域左上方的箭头按钮

② 在左侧网页界面单击所要获取的信息，右侧就会显示所需信息在源代码中的位置，如图 7-23 所示。

图 7-23 显示所需信息在源代码中的位置

③ 在所需信息的源代码上右击，在弹出的快捷菜单中选择 Copy→Copy XPath 命令获取 XPath 内容，如图 7-24 所示。复制得到的标题 Xpath 内容为"//*[@id="sanRoot"]/main/div[2]/div/div[2]/div[2]/div[2]/a/div[1]"。

（4）构建 Python 程序获取热搜内容。

获取热搜标题信息的 XPath 结构后，即可以之为参照通过如下代码获取百度热搜的标题和热搜指数。

图7-24　获取XPath内容

```
#引入lxml库中的etree
from lxml import etree
#引入requests库
import requests
url = 'https://top.baidu.com/board?tab = realtime'    #定义百度热搜页面URL
response = requests.get(url)                          #访问百度热搜页面
response.encoding = 'utf - 8'                         #设置编码格式为utf - 8,防止乱码
webpage = response.text                               #webpage中获取网页源代码(webpage类型为字符串)
html = etree.HTML(webpage)                            #把字符串类型转换为html类型
#获取第一条百度热搜的标题,返回的是列表类型,其中的参数就是第一条百度热搜标题的XPath
resultTitle = html.XPath('// * [@id = "sanRoot"]/main/div[2]/div/div[2]/div[1]/div[2]/a/div[1]')
#获取除去第一条百度热搜标题的其他热搜标题,并把返回结果与第一条百度热搜标题合成一个列表.
#following - sibling:: *  :表示当前节点的后序所有兄弟节点元素,因为其他热搜标题都在// * [@id =
#"sanRoot"]/中main/div[2]/div/div[2]/div[1]元素的兄弟元素下的/div[2]/a/div[1],所以用// * [@id =
#"sanRoot"]/main/div[2]/div/div[2]/div[1]/following - sibling:: * /div[2]/a/div[1]获取其他热搜
#标题.
resultTitle + = ( html.XPath( '// * [@ id = "sanRoot"]/main/div[2]/div/div[2]/div[1]/following -
sibling:: * /div[2]/a/div[1]'))
#获取第一条百度热搜的热搜指数,返回的是列表类型,其中的参数就是第一条百度热搜的热搜指数的XPath
resultHot = html.XPath('// * [@id = "sanRoot"]/main/div[2]/div/div[2]/div[1]/div[1]/div[2]')
#获取除去第一条百度热搜的其他热搜的热搜指数,并把返回结果与第一条百度热搜指数合并成一个列表
resultHot + = html.XPath('// * [@id = "sanRoot"]/main/div[2]/div/div[2]/div[1]/following - sibling::
 * /div[1]/div[2]')
#len(resultTitle)返回resultTitle的列表长度 - .range(len(resultTitle))形成 0 到 resultTitle 列表长
度减一的序列
for i in range(len(resultTitle)):
    if i == 0:
        print("{:^35} {:>10}".format("热搜标题","热搜指数"))   #打印标题
#resultTitle[i].text 取出 resultTitle[i]中的内容即热搜标题,resultHot[i].text 取出 resultHot[i].的
内容即热搜指数
print("{:2} {:^25}{:>10}".format(i,resultTitle[i].text,resultHot[i].text))
```

(5) 将结果保存至 Excel 表格。

为了将数据存入 Excel 表格，需要引入 csv 库，在操作 Excel 表格时，需将 Excel 数据转换为一个二维列表，如图 7-25 所示。

标题1	热度指数1
标题2	热度指数2
标题3	热度指数3

```
rows=[
    ['标题1', '热度指数1'],
    ['标题2', '热度指数2'],
    ['标题3', '热度指数3']
]
```

图 7-25　将 Excel 数据转换为一个二维列表

参照 7.1 节中的方法，可以使用类似的思路完成相关操作，获取热搜标题和热度并写入 Excel 文件的完整代码如下。

```python
# 引入 lxml 库中的 etree
from lxml import etree
# 引入 requests 库
import requests
# 引入 csv 库
import csv
url = 'https://top.baidu.com/board?tab=realtime'    # 定义百度热搜页面 URL
response = requests.get(url)                         # 访问百度热搜页面
response.encoding = 'utf-8'                          # 设置编码格式为 utf-8,防止乱码
webpage = response.text                              # webpage 中获取网页源代码(webpage 类型为字符串)
html = etree.HTML(webpage)                           # 把字符串类型转换为 html 类型
# 获取第一条百度热搜的标题
resultTitle = html.XPath('//*[@id="sanRoot"]/main/div[2]/div/div[2]/div[1]/div[2]/a/div[1]')
# 获取除去第一条百度热搜标题的其他热搜标题
resultTitle += (html.XPath('//*[@id="sanRoot"]/main/div[2]/div/div[2]/div[1]/following-sibling::*/div[2]/a/div[1]'))
# 获取第一条百度热搜的热搜指数
resultHot = html.XPath('//*[@id="sanRoot"]/main/div[2]/div/div[2]/div[1]/div[1]/div[2]')
# 获取除去第一条百度热搜的其他热搜指数
resultHot += html.XPath('//*[@id="sanRoot"]/main/div[2]/div/div[2]/div[1]/following-sibling::*/div[1]/div[2]')
titlelist = list()                                   # 用于存储所有热搜的标题
hotlist = list()                                     # 用于存储所有热搜的热度
for i in range(len(resultTitle)):
    if i == 0:                                       # 首行添加标题
        titlelist.append("热搜标题")
        hotlist.append("热搜指数")
    titlelist.append(resultTitle[i].text)            # 用于将 resultTitle[i].text 存储到 titlelist
    hotlist.append(resultHot[i].text)                # 用于将 resultHot[i].text 存储到 hotlist
newlist = zip(titlelist, hotlist)                    # 为了写入 Excel 文件将列表合并
file = open('download.csv', 'w', newline='')         # 打开 Excel 文件
f_csv = csv.writer(file)                             # 准备写入
f_csv.writerows(newlist)                             # 写入数据
file.close()                                         # 关闭文件
print(len(titlelist), "条数据写入 download.csv 文件中")
```

该程序运行后会在当前目录下形成一个名为 download 的 Excel 文件，最终获取到的热搜标题和热搜指数内容如图 7-26 所示(爬取的内容会根据实时热点信息发生变化)。

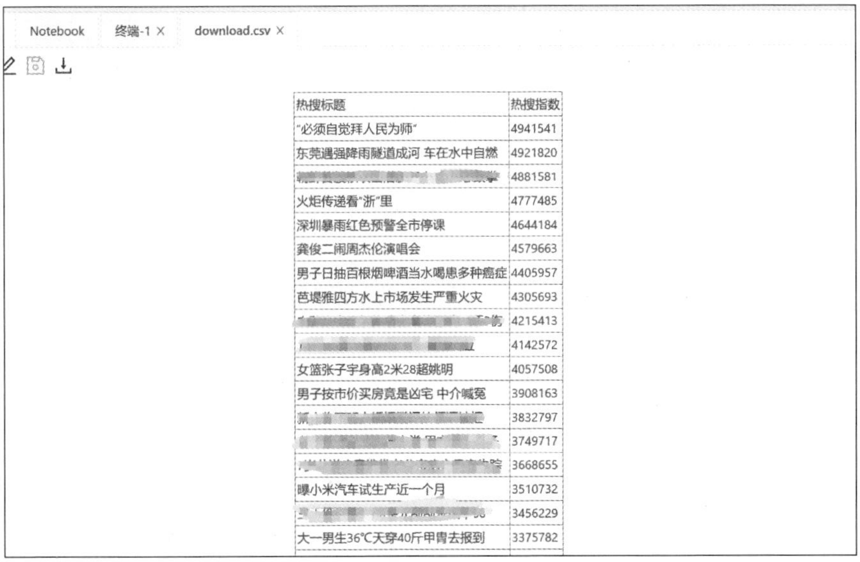

热搜标题	热搜指数
"必须自觉拜人民为师"	4941541
东莞遇强降雨隧道成河 车在水中自燃	4921820
██████████	4881581
火炬传递看"浙"里	4777485
深圳暴雨红色预警全市停课	4644184
龚俊二闹周杰伦演唱会	4579663
男子日抽百根烟啤酒当水喝患多种癌症	4405957
芭堤雅四方水上市场发生严重火灾	4305693
██████████	4215413
██████████	4142572
女篮张子宇身高2米28超姚明	4057508
男子按市价买房竟是凶宅 中介喊冤	3908163
██████████	3832797
██████████	3749717
██████████	3668655
曝小米汽车试生产近一个月	3510732
██████████	3456229
大一男生36℃天穿40斤甲胄去报到	3375782

图 7-26　获取到的热搜标题和热搜指数内容

利用Word处理文本数据

【实验目的】

文本信息是大数据分析中重要的非结构原始数据,实验 7 中通过网络爬虫获取的新闻及热搜标题信息就属于文本信息。对获取到的原始文本信息进行处理,使其内容、格式更加符合数据分析和展示的需要,是大数据分析的重要步骤。本实验将利用 Word 2016 这一常用字处理软件,介绍大数据分析中文本信息处理的方法,达到以下目的:

(1) 掌握 Word 2016 的常用功能。
(2) 掌握常用启动、创建、编辑 Word 2016 操作。
(3) 掌握 Word 2016 中图片、形状、表格等基本操作。
(4) 掌握 Word 2016 文档排版功能。
(5) 掌握美化文档外观的操作。
(6) 掌握长文档的编辑与管理。
(7) 掌握利用邮件合并技术批量处理文档。
(8) 通过上述实验达到轻松、高效地组织和编写具有专业水准的文档,实现信息发布。

【实验环境】

Windows,Word 2016。

【实验内容】

(1) 认识 Office 2016。
(2) 创建和编辑 Word 2016 文档。
(3) 使用图片、形状、表格。
(4) 使用页面设置、页眉和页脚、分栏、项目符号、目录、样式等。
(5) 使用修订。
(6) 使用邮件合并。

 ## 8.1 工作报告的排版

【实验要求】

在本实验素材文件夹下实验 8.1 文件夹下打开文档 Word.docx,按照要求完成下列操作并以文件名 Word.docx 保存文档。

（1）调整文档,纸张大小为 A4 幅面,纸张方向为纵向,并调整上、下页边距为 3.2 厘米,左、右页边距为 2.5 厘米。

（2）打开素材文件夹下的"Word-样式标准.docx"文件,将其文档样式库中的"标题 1,标题样式一"和"标题 2,标题样式二"复制到 Word.docx 文档样式库中。

（3）将 Word.docx 文档中的所有红色文字段落都应用为"标题 1,标题样式一"段落样式。

（4）将 Word.docx 文档中的所有绿色文字段落都应用为"标题 2,标题样式二"段落样式。

（5）将文档中出现的全部软回车符号(手动换行符)更改为硬回车符号(段落标记)。

（6）修改文档样式库中的"正文"样式,使得文档中所有正文段落首行缩进两个字符。

（7）为文档添加页眉,并将当前页中样式为"标题 1,标题样式一"的文字自动显示在页眉区域中。

（8）在文档的第 4 个段落后(标题为"目标"的段落之前)插入一个空段落,并按照表 8-1 所示的数据格式在此空段落中插入一个折线图图表,该折线图图表的标题命名为"公司业务指标"。

表 8-1　公司销售情况

	销售额	成本	利润
2010 年	4.3	2.4	1.9
2011 年	6.3	5.1	1.2
2012 年	5.9	3.6	2.3
2013 年	7.8	3.2	4.6

【素材列表】

Word.docx

Word-样式标准.docx

【实验步骤】

（1）打开素材文件夹下的 Word.docx,在"布局"选项卡的"页面设置"组中单击右下角的对话框开启按钮 ,在弹出的"页面设置"对话框中切换到"纸张"选项卡,设置"纸张大小"为 A4,切换到"页边距"选项卡,设置上、下都为"3.2 厘米",左、右都为"2.5 厘米",在"纸张方向"中选择"纵向"选项,单击"确定"按钮。"页面设置"对话框如图 8-1 所示。

（2）单击"快速访问工具栏"中的"保存"按钮,或按 Ctrl＋S 组合键保存 Word.docx 文档,然后关闭 Word.docx 文档。注意,必须关闭 Word.docx 后再进行下面的操作,否则样式导入可能不成功。

打开素材文件夹下的"Word-样式标准.docx"

图 8-1　"页面设置"对话框

文档，在"Word-样式标准.docx"文档中，在"开始"选项卡的"样式"组中单击右下角的对话框开启按钮，打开"样式"任务窗格，在"样式"任务窗格中单击底部的"管理样式"按钮，弹出"管理样式"对话框，如图 8-2 所示。单击左下角的"导入/导出"按钮，弹出"管理器"对话框，如图 8-3 所示。

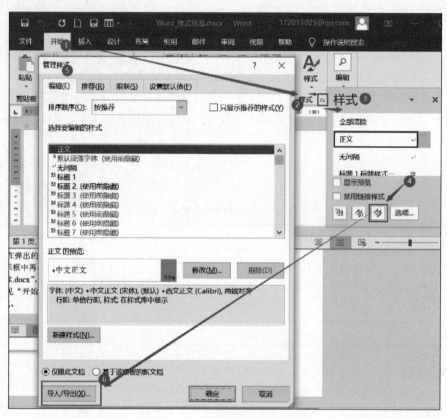

图 8-2 "管理样式"对话框

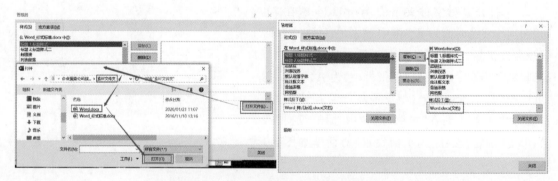

图 8-3 导入样式到 Word.docx 文档中

在"管理器"对话框中，左侧已经列出"Word-样式标准.docx 中"的样式，但右侧还不是我们所需要的 Word.docx 文档，单击右侧的"关闭文件"按钮（注意，不是左侧的该按钮），该按钮变为"打开文件"，再次单击它。在弹出的"打开"对话框中首先在"文件类型"下拉列表框中选择"Word 文档（*.docx）"，然后，在对话框中选择"素材文件夹"下的文档 Word.docx，单击

"打开"按钮。

回到"管理器"对话框,在左侧"Word-样式标准.docx 中"列表框中选择需要复制的样式为"标题 1,标题样式一"和"标题 2,标题样式二",按住 Ctrl 键,同时选中这两项,单击"复制"按钮,将所选样式复制到右侧"到 Word.docx"中,在弹出的"是否改写现有样式"提示框中单击"是"按钮。然后单击对话框中的"关闭"按钮,在提示框中再单击"保存"按钮,如图 8-3 所示。

此时样式已被导入 Word.docx,不保存"Word-样式标准.docx",关闭"Word-样式标准.docx"文档,再次打开素材文件夹下的 Word.docx,可见"开始"选项卡的"样式"组中已经具有了"标题 1,标题样式一"和"标题 2,标题样式二"两个样式。导入以后的样式如图 8-4 所示。

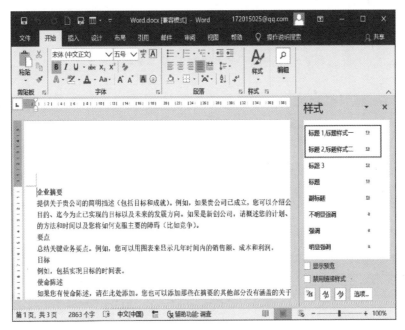

图 8-4 导入以后的样式

(3)选中文档中的红色文字(也可按住 Ctrl 键,同时选中不连续的多段),在"开始"选项卡的"样式"组中单击"快速样式"的"标题 1,标题样式一"样式。注意,需要彩色展示的图片可在前言二维码中下载。

(4)选中绿色文字(也可按住 Ctrl 键,同时选中不连续的多段),在"开始"选项卡的"样式"组中单击"快速样式"的"标题 2,标题样式二"样式。

(5)单击文档中任意位置,取消任何内容的选中状态,按 Ctrl+H 组合键,或者在"开始"选项卡的"编辑"组中单击"选择"按钮,弹出"查找和替换"对话框。在对话框中切换到"替换"选项卡,将光标定位在"查找内容"文本框中,单击"更多"按钮,展开对话框的"更多"选项,单击"特殊格式"按钮,在弹出的下拉菜单中选择"手动换行符"命令,将"手动换行符"的代码输入"查找内容"文本框中;或直接在"查找内容"文本框中输入"^l"(是字母 l 不是数字 1)。将光标定位在"替换为"文本框中,单击"特殊格式"按钮,在弹出的下拉菜单中选择"段落标记"命令,将"段落标记"的代码输入"替换为"文本框中;或者直接在"替换为"文本框中输入"^p",单击"全部替换"按钮。选中文字并设置为"标题 1,标准样式一"如图 8-5 所示,将文档中的手动换行符改为段落标记如图 8-6 所示。

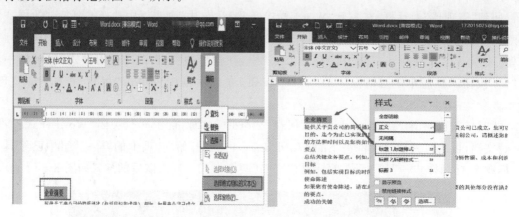

图 8-5　选中文字并设置为"标题 1,标准样式一"

图 8-6　将文档中的手动换行符改为段落标记

　　(6) 如果"样式"任务窗格还没有打开,在"开始"选项卡的"样式"组中单击右下角的对话框开启按钮,打开"样式"任务窗格,在"样式"任务窗格中右击"正文"样式,在弹出的快捷菜单中选择"修改"命令。

　　在"修改样式"对话框中,单击"格式"按钮,在弹出的下拉菜单中选择"段落"命令,弹出"段落"对话框,在"段落"对话框的"缩进和间距"选项卡的"特殊格式"中设置"首行缩进",磅值为"2 字符",单击"确定"按钮,回到"修改样式"对话框,再单击"确定"按钮。

（7）在"插入"选项卡的"页眉和页脚"组中单击"页眉"按钮，在弹出的下拉菜单中选择"编辑页眉"命令，进入页眉编辑状态。

在"页眉和页脚工具-设计"选项卡的"插入"组中单击"文档部件"按钮，在弹出的下拉菜单中选择"域"命令，在弹出的"域"对话框中，在"类别"下拉列表框中选择"链接和引用"选项，再在下方的"域名"列表框中选择 StyleRef 选项，表示要引用某种样式的文本，再在右侧的"样式名"列表框中选择"标题1,标题样式一"选项，表示要引用文档中具有"标题1,标题样式一"样式的文本，单击"确定"按钮，则在页眉插入了本页中具有"标题1,标题样式一"样式的文本，如图8-7所示。

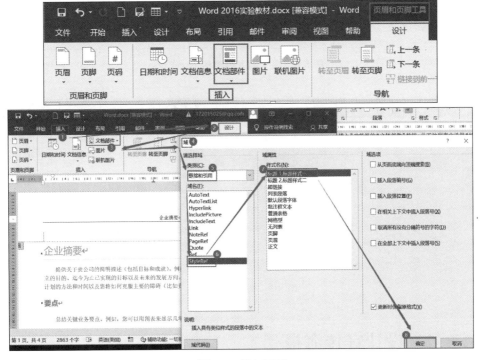

图8-7 插入页眉

（8）将插入点定位到第4段，在"目标"文字之前，按 Enter 键新增一个段落，在"插入"选项卡的"插图"组中单击"图表"按钮，在弹出的"插入图表"对话框中选择"折线图"类别中的"折线图"选项，单击"确定"按钮。

在自动弹出的 Excel 表格中，拖动蓝色框线右下角的箭头，使蓝色线框往前5行、前4列的单元格区域，然后将题目中要求的数据输入对应的单元格中（提示：第1行的"销售额""成本""利润"也要输入，第1行第1个单元格为空白，在输入第1列2010—2013年时，可在单元格 A2 中输入 2010 年后，用拖动"填充柄"的方式输入其他年份）。输入数据后图表已经绘制完成，关闭 Excel 窗口。用于插入图表的 Excel 表如图8-8所示。

回到 Word 文档，选中图表，在"图表工具-布局"选项卡的"标签"组中单击"图表标题"按钮，在弹出的下拉菜单中选择任意一种标题样式（除"无"之外的样式），例如选择"图表上方"样式。然后在图表的标题中删除示例文字，输入"公司业务指标"。最后保存文档，如图8-9所示。

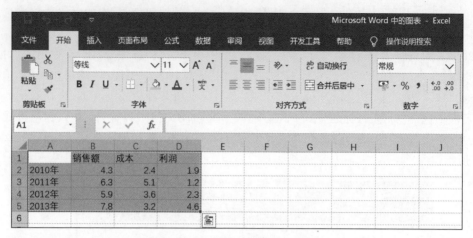

图 8-8 用于插入图表的 Excel 表

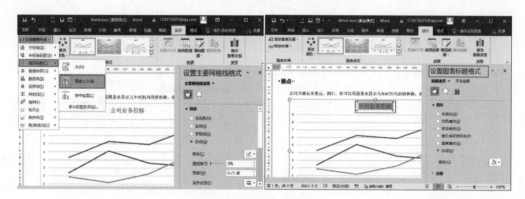

图 8-9 设置图表标题

8.2 设计宣传海报

【实验要求】

在某卫生站工作的营养科医生李一凡,要为社区居民制作一期关于巧克力知识的宣传页。按如下要求帮助他完成此项工作。

(1) 在素材文件夹下打开"Word 素材.docx"文件,将其另存为 Word.docx 文件。

(2) 调整纸张大小为 A4,页边距上、下各为 2.5 厘米,左、右各为 3 厘米。

(3) 插入内置的"奥斯汀引言"文本框,并将文档标题下方以"巧克力(英语:chocolate,也可译为:朱古力)……"开头的段落移动到文本框中,并适当调整字体与字号。完成效果可参考"首页.png"文件中的效果图。

(4) 按照如下要求修改文档的各级标题:

① 将样式为"标题"的文本应用一种恰当的文本效果,并将其字号设置为 28,字体设置为微软雅黑。

② 将样式为"标题 1"的文本所在段落添加颜色为"黑色,文字 1,淡色 35%"的底纹,并修改文本颜色为"白色,背景 1"。

③ 将样式为"标题 2"的文本所在段落添加宽度为 6 磅、颜色为"黑色,文字 1,淡色 35%"的左边框,并将其左侧缩进值设置为 1 字符。

(5) 参照"首页.png"示例文件中的效果,为文档标题下方的 6 行文字设置格式:

① 为这 6 行文字添加制表位,前导符和对齐方式应与示例效果一致。

② 设置前导符左侧文字的宽度为 4 字符。

(6) 将标题"历史发展"下方的项目符号列表转换为"SmartArt 图形",布局为"重复蛇形流程"。修改图形中 4 个箭头的形状为"燕尾箭头",并适当调整"SmartArt 图形"样式和文字对齐方式。

(7) 将标题"营养介绍"及其所属内容和标题"关于误解"及其所属内容置于独立的页面中,且纸张方向为横向。

(8) 根据"表格和图表.png"文件中的样例效果,将标题"营养介绍"下方表格中从"微量元素"行开始的内容转换为图表,按照样例设置图表标题、水平轴标签排列顺序、垂直轴的刻度。将分类间距调整为 60%,并为图表应用一种恰当的样式,删除图例和网格线。

(9) 根据"表格和图表.png"文件中的样例效果适当调整标题"营养介绍"下方表格中剩余部分("营养价值"及所属行)的格式和宽度。并调整表格和图表的文字环绕方式,使得两者并排分别位于页面左侧和右侧(注意,在完成效果中,标题"营养介绍"和所属的表格及图表应在一个页面内呈现)。

(10) 根据"分栏.png"文件中的样例效果,为标题"关于误解"所属内容按下列要求分栏:

① 栏数为 3 栏,并且使用分隔线。

② 标题及其所属内容位于独立的栏中。

(11) 按照下列要求设置文档中的图片:

① 标题"历史发展""加工过程"和"饮食文化"下方的 3 张图片的文字环绕方式都设置为"紧密型",适当调整图片大小和位置。

② 锁定 3 张图片的标记。

③ 为 3 张图片添加可以自动更新的题注内容,如表 8-2 所示。

表 8-2 可以自动更新的题注内容

图 片	题注内容
标题"历史发展"下方图片	图 1 巧克力的玛雅文写法
标题"加工过程"下方图片	图 2 烘焙过的可可豆
标题"饮食文化"下方图片	图 3 可可树与可可豆

(12) 在页面底端,为文档添加适当的页码。

【素材列表】

Word 素材.docx

表格和图表.png

分栏.png

首页.png

【实验步骤】

(1) 打开素材文件夹下的文档"Word 素材.docx",单击"文件"选项卡的"另存为"命令,在弹出的"另存为"对话框中输入文件名为 Word.docx（其中.docx 可省略），文件类型选择"Word 文档"，单击"保存"按钮以新的文件名保存文件，Word 窗口自动关闭文档"Word 素材.docx"，并自动切换为对文档 Word.docx 的编辑状态，使后续操作均基于此文件。

（2）在"页面布局"选项卡的"页面设置"组中单击右下角的对话框开启按钮，弹出"页面设置"对话框，切换到对话框的"纸张"选项卡，设置"纸张大小"为 A4，切换到"页边距"选项卡，设置上、下页边距为 2.5 厘米，左、右页边距为 3 厘米。

（3）按 Ctrl+Home 组合键，将插入点移动到文档开头，在"插入"选项卡的"文本"组中单击"文本框"按钮，在弹出的下拉菜单中选择"奥斯汀引言"选项，插入这种类型内置文本框。插入"奥斯汀引言"文本框操作如图 8-10 所示。

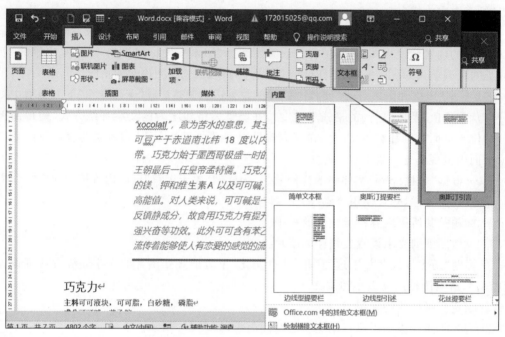

图 8-10　插入"奥斯汀引言"文本框操作

选中文档中标题下方以"巧克力（英语：chocolate，也可译为：朱古力）……"开头的段落，按 Ctrl+X 组合键剪切，再单击"奥斯汀提要栏"文本框内部，按 Ctrl+V 组合键粘贴，单击旁边出现的 Ctrl 图标，在弹出的下拉菜单中选择"只保留文本"选项。

（4）完成实验要求（4）的操作如下。

① 选中文本正文的标题"巧克力"的段落，在"开始"选项卡的"字体"组中设置"字体"为"微软雅黑"，在"字号"框中输入 28，按字号键确认。单击"文本效果"按钮，在弹出的下拉菜单中选择任意一种文本效果，如"渐变填充-黑色，轮廓-白色，外部阴影"（只要保证文本效果或者带有阴影，或者带有文本边框，或者带有棱台、映像和发光效果，带有任何一种文本效果即可），保持本段为选中状态，在"开始"选项卡的"样式"组中单击右下角的对话框开启按钮，打开"样式"任务窗格，在"样式"任务窗格中右击"标题"样式，在弹出的快捷菜单中选择"更新'标题'以匹配所选内容"命令。更新样式如图 8-11 所示。

② 在"样式"任务窗格中，右击"标题1"样式，在弹出的快捷菜单中选择"修改"命令。在弹出的"修改样式"对话框中单击左下角的"格式"按钮，在弹出的下拉菜单中选择"边框"命令，在

弹出的"边框和底纹"对话框中切换到"底纹"选项卡。在"填充"下拉列表框中选择"黑色，文字1，淡色 35％"（也可在"应用于"列表框中选择"文字"或"段落"），单击"确定"按钮。

图 8-11　更新样式

回到"修改样式"对话框，在"字体颜色"下拉列表框中选择"白色，背景 1"，单击"确定"按钮。修改"标题 1"样式的操作如图 8-12 所示。

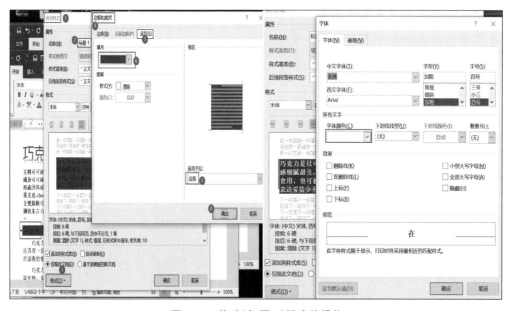

图 8-12　修改"标题 1"样式的操作

③ 在"样式"任务窗格中，右击"标题2"样式，在弹出的快捷菜单中选择"修改"命令。在弹出的"修改样式"对话框中单击左下角的"格式"按钮，在弹出的下拉菜单中选择"边框"命令，在弹出的"边框和底纹"对话框中切换到"边框"选项卡。设置"颜色"为"黑色，文字1，淡色35%"，设置"宽度"为"6.0磅"，再在"预览"区单击"左边框"来设置这种样式的左边框，单击"确定"按钮。

回到"修改样式"对话框，单击左下角的"格式"按钮，在弹出的下拉菜单中选择"段落"命令。在弹出的"段落"对话框中切换到"缩进和间距"选项卡。设置"缩进"中的"左侧"为"1字符"，单击"确定"按钮。回到"修改样式"对话框，单击"确定"按钮。

（5）完成实验要求（5）的操作如下。

① 选中首页文档标题下方的6行文字，在"开始"选项卡的"段落"组中单击右下角的对话框开启按钮，弹出"段落"对话框，单击对话框左下角的"制表位"按钮，在弹出的"制表位"对话框中输入制表位位置为30~40字符的任意数值，例如"40"；设置"对齐方式"为"右对齐"，设置"前导符"为"3-----(3)"，单击"设置"按钮，单击"确定"按钮。设置制表位如图8-13所示。

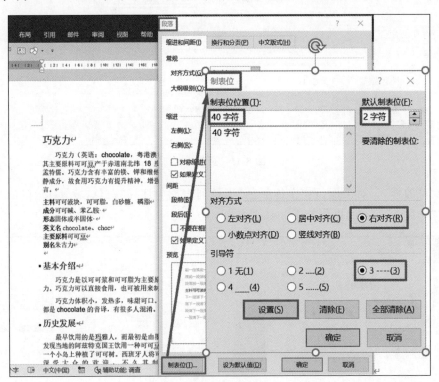

图8-13　设置制表位

将插入点定位到这6行文字中的第一行的"主料"之后，按Tab键。将插入点定位到这6行文字中的第二行的"成分"之后，按Tab键。将插入点定位到这6行文字的第3行的"形态"之后，按Tab键，以此类推，在6行文字中每一行都按一次（注意一行内只按一次）Tab键。

② 按住Alt键不放拖动鼠标，选中这6行文字中前导符左侧的各行文字矩形区域（其中"主要原料"所在行不得多选"----"内容，其他行文字可多选一部分"----"内容，即只选择4个字符的矩形块）。在"开始"选项卡的"段落"组中单击"中文版式"按钮，在弹出的下拉菜单中选择"调整宽度"命令，在弹出的"调整宽度"对话框中设置"新文字宽度"为"4字符"，单击"确定"按钮。调整宽度及效果如图8-14所示。

图 8-14 调整宽度及效果

(6) 完成实验要求(6)的操作如下。

① 选中正文中标题"历史发展"下所有项目符号列表文字,按 Ctrl+X 组合键剪切。保持插入点在新段落中,在"插入"选项卡的"插图"组中单击 SmartArt 按钮,在弹出的对话框中选择"流程"系列中的"重复蛇形流程"选项,单击"确定"按钮。在插入的"SmartArt 图形"左侧的"在此处键入文字"文本框中按 Ctrl+A 组合键全选原有文字内容,再按 Delete 键删除所有原有内容,再按 Ctrl+V 组合键粘贴事先被剪切的文字(注意,必须使用 Ctrl+V 组合键粘贴,不得使用鼠标右键粘贴,否则可能会出现意外的情况),则 SmartArt 图形创建完成。

② 在"SmartArt 工具-设计"选项卡的"SmartArt 样式"组中单击"更改颜色"按钮,任意设置一种颜色,如"彩色范围-个性色 3 至 4"。在"SmartArt 样式"组中任意设置一种样式,如"三维-嵌入"。

③ 单击"SmartArt 图形"中的一个箭头形状,然后按住 Shift 键的同时,再依次单击其他 3 个箭头形状,同时选中这 4 个箭头形状,右击被选中的形状,在弹出的快捷菜单中选择"设置形状格式"命令。在弹出的"设置形状格式"任务窗格中,选择"实线"单选按钮,并设置"结尾箭头类型"为"燕尾箭头",单击"确定"按钮。设置 SmartArt 箭头操作如图 8-15 所示。

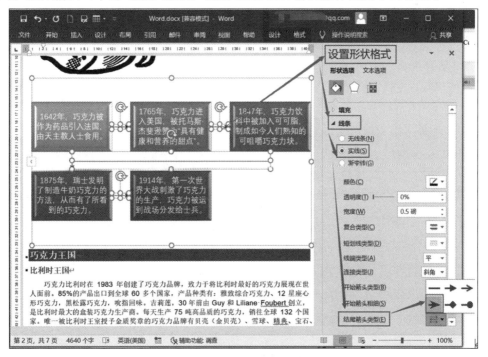

图 8-15 设置 SmartArt 箭头操作

单击"SmartArt 图形"中的一个文本框边框，然后按住 Shift 键的同时，再依次单击其他 4 个文本框的边框，使同时选中这 5 个文本框。在"开始"选项卡的"段落"组中设置段落对齐方式为除"居中"外的任意对齐方式，例如"两端对齐"。

（7）将插入点定位到标题"营养介绍"文字之前，在"布局"选项卡的"页面设置"组中单击"分隔符"按钮，在弹出的下拉菜单中选择"分节符"→"下一页"命令，插入这种类型的分节符。将插入点定位到该标题的所属内容之后，即下一标题"饮食文化"段落中"饮食"文字之前，用同样方法插入"下一页"的分节符。将插入点定位到"营养介绍"标题所在页之内，在"布局"选项卡的"页面设置"组中单击右下角的对话框开启按钮。在弹出的"页面设置"对话框中，设置"纸张方向"为"横向"，设置"应用于"为"所选节"，单击"确定"按钮。

用同样方法，分别在标题"关于误解"文字之前、标题"自制巧克力"（即"关于误解"后的下一个标题）文字之前插入"下一页"的分节符，并设置"关于误解"所在页的节的"纸张方向"为"横向"。

（8）完成实现要求（8）的操作如下。

① 将插入点定位到"营养介绍"的表格下方的空白段落处，在"插入"选项卡的"插图"组中单击"图表"按钮，在弹出的对话框中选择"簇状柱形图"选项，单击"确定"按钮。

在弹出的 Excel 窗口中，拖动右下角的蓝色三角，使蓝色框线包围前 9 行、前 2 列的单元格区域，删除蓝色框线之外的内容（选中那些区域后按 Delete 键）。切换回 Word 文档中，选中从"元素、含量"所在行开始到表格的最后一行的内容，按 Ctrl＋C 组合键复制，切换到 Excel 窗口，选中 A1 单元格，按 Ctrl＋V 组合键粘贴。

还需要删除数据中的"毫克"单位。在 Excel 窗口中，在"开始"选项卡的"编辑"组中单击"查找和选择"按钮，在弹出的下拉菜单中选择"替换"命令，在弹出的"查找和替换"对话框中，在"查找内容"文本框中输入"毫克"，在"替换为"文本框中不输入任何内容，单击"全部替换"按钮。

还需要对数据进行大小排序。选中数据区 B 列中的任意一个单元格，例如，单元格 B3。在"数据"选项卡的"排序和筛选"组中单击"升序"按钮，使含量按由小到大的顺序排序。

关闭 Excel 窗口。

切换回 Word 文档，选中表格中从"微量元素"所在行到表格最后一行，按 Backspace 键删除这些行（注意，不是按 Delete 键。按 Delete 键只是清除内容，不能删除表格行）。

② 单击所插入图表的图表标题内部，将标题文字改为"微量元素含量（毫克）"。

在"图表工具-布局"选项卡的"当前所选内容"组的下拉菜单中选择"垂直（值）轴"命令，再单击"设置所选内容格式"按钮。在弹出的"设置坐标轴格式"对话框中，选择坐标轴选项，勾选"对数刻度"复选框，并将底数设为 2。在"显示单位"列表框中选择"无"。在"横坐标轴交叉"中选择"坐标轴值"单选按钮，并在其后的文本框中输入 0.125，单击"关闭"按钮。

在"图表工具-布局"选项卡的"当前所选内容"组的下拉菜单中选择"系列'含量'"命令，再单击"设置所选内容格式"按钮，在弹出的"设置数据系列格式"对话框中，选择"系列选项"，设置"间隔宽度"为"60％"，单击"关闭"按钮，如图 8-16 所示。

在"图表工具-布局"选项卡的"标签"组中单击"图例"按钮，在弹出的下拉菜单中选择"无"命令。单击"坐标轴"组中的"网格线"按钮，在弹出的下拉菜单中选择"主要网格线"→"无"命令。

在"图表工具-设计"选项卡的"图表样式"组中任选一种非"样式 2"的图表样式，如"样式 1"。

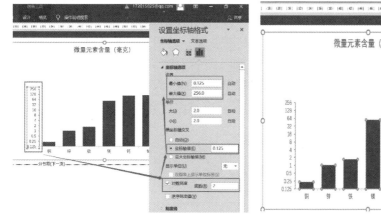
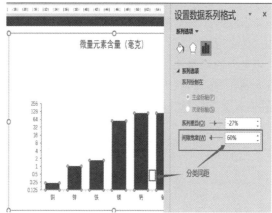

图 8-16　设置图表选项操作

(9) 完成实验要求(9)的操作如下。

① 标题"营养介绍"下方表格中应只保留"营养价值"及所属行。参照样例适当缩小表格两列的列宽。选中表格,在"表格工具-设计"选项卡的"表格样式"组中任选一种非网格型的表格样式,如"清单表 3"。选择非网格型的任意样式,要确保在"表格样式"主选项组中勾选了"镶边行"复选框即可。

② 单击图表的四周浅色边框选中图表,在"图表工具-格式"选项卡的"排列"组中单击"自动换行"按钮,在弹出的下拉菜单中选择"浮于文字上方"命令。然后拖动图表的四周浅色边框,参照样例将图表移动到表格右侧的空白区。并拖动四周浅色边框手柄,适当调整图表大小,确保标题"营养介绍"和所属的表格及图表在一个页面内呈现。

(10) 完成实验要求(10)的操作如下。

① 将插入点定位到"吃巧克力会长胖"文字之前,在"布局"选项卡的"页面设置"组中单击"分隔符"按钮,在弹出的下拉菜单中选择"分节符"→"连续"命令,使在本页内标题"关于误解"之后分节,以便让标题不分栏。

② 选中标题"关于误解"下方的所属内容(不包括该标题),在"布局"选项卡的"页面设置"组中单击"分栏"按钮,在弹出的下拉菜单中选择"更多分栏"命令,在弹出的"分栏"对话框中选择"三栏"选项,勾选"分隔线"复选框,单击"确定"按钮。

③ 在两个"标题 2"的文字前方插入"分栏符",具体方法是:

插入点定位到"巧克力是没有营养的糖类食品"文字之前,在"布局"选项卡的"页面设置"组中单击"分隔符"按钮,在弹出的下拉菜单中选择 "分栏符"命令。

将插入点定位到"巧克力含有大量咖啡因而导致'上瘾'"文字之前,在"布局"选项卡的"页面设置"组中单击"分隔符"按钮,在弹出的下拉菜单中选择"分栏符"命令。

(11) 完成实验要求(11)的操作如下。

① 选中标题"历史发展"下方的图片,在"图片工具-格式"选项卡的"排列"组的"自动换行"按钮,在弹出的下拉菜单中选择"紧密型"命令。右击图片,在弹出的快捷菜单中选择"大小和位置"命令,在弹出的对话框中切换到"位置"选项卡,勾选"锁定标记"复选框,单击"确定"按钮。

② 用同样方法,设置"加工过程"和"饮食文化"下方的图片为"紧密型",并设置"锁定标记"。适当调整图片的大小和位置。

③ 选中标题"历史发展"下方的图片,在"引用"选项卡的"题注"组中单击"插入题注"按钮,弹出"题注"对话框。在对话框中单击"新建标签"按钮,在随后弹出的对话框中输入"图",单击"确定"按钮。返回到"题注"对话框,再单击"确定"按钮。然后在所插入的题注中输入文字"巧克力的玛雅文写法"。用同样方法,分别选中"加工过程"和"饮食文化"下方的图片,单击"插入题注"按钮,在随后弹出的"题注"对话框中直接单击"确定"按钮。然后在插入的题注中分别输入文字"烘焙过的可可豆"和"可可树与可可豆"。设置图片格式操作如图 8-17 所示。

图 8-17 设置图片格式操作

(12) 双击任意一页的页面底端,激活为页脚编辑状态。保持插入点在页脚中,单击"页眉和页脚工具-设计"选项卡"页眉和页脚"组中的"页码"按钮,在弹出的下拉菜单中选择"当前位置"→"普通数字"命令,在页面底端插入页码。

8.3 政策文件的排版

【实验要求】

办事员小李需要整理一份有关高新技术企业的政策文件,呈送给总经理查阅。参照"示例 1.png""示例 2.jpg",利用素材文件夹下提供的相关素材,按下列要求帮助小李完成文档的编排。

(1) 在素材文件夹下,将"Word 素材.docx"文件另存为 Word.docx(.docx 为文件扩展名),后续操作均基于此文件。

(2) 首先将文档"附件 4 新旧政策对比.docx"中"标题 1""标题 2""标题 3"及"附件正文"4 个样式的格式应用到 Word.docx 文档中的同名样式;然后将文档"附件 4 新旧政策对比.docx"中的全部内容插入 Word.docx 文档的最下面,后续操作均应在 Word.docx 中进行。

(3) 删除文档 Word.docx 中所有空行和全角(中文)空格。将"第一章""第二章""第三章"……所在段落应用"标题 2"样式,将所有应用"正文 1"样式的文本段落以"第一条、第二条、第三条、……"的格式连续编号,并替换原文中的纯文本编号,字号设置为 5 号,首行缩进为 2

字符。

（4）在文档的开始处插入"运动型引述"文本框，将"插入目录"标记之前的文本移动到该文本框中，要求文本框内部边距分别为左、右各 1 厘米，上为 0.5 厘米，下为 0.2 厘米，为其中的文本进行适当的格式设置以使文本框高度不超过 12 厘米，结果可参考"示例 1.png"。

（5）在标题段落"附件 3：高新技术企业证书样式"的下方插入图片"附件 3 证书.jpg"，为其应用恰当的图片样式、艺术效果，并改变其颜色。

（6）将标题段落"附件 2：高新技术企业申请基本流程"下的绿色文本，参照其上方的样例转换成布局为"分段流程"的"SmartArt 图形"，适当改变其颜色和样式，加大图形的高度和宽度，将第二级文本的字号统一设置为"6.5 磅"，将图形中所有文本的字体设为"微软雅黑"，最后将多余的文本及样例删除。

（7）在标题段落"附件 1：国家重点支持的高新技术领域"的下方，插入以图标方式显示的文档"附件 1 高新技术领域.docx"，将图标命名为"国家重点支持的高新技术领域"，双击该图标，应能打开相应的文档进行阅读。

（8）将标题段落"附件 4：高新技术企业认定管理办法新旧政策对比"下的以连续符号♯♯♯分隔的蓝色文字转换为一个表格，套用恰当的表格样式。在"序号"列插入自动编号"1.2.3……"，将表格中所有内容的"字号"设为小五号、在垂直方向上居中。令表格与其上方的标题"新旧政策的认定条件对比表"占用单独的横向页面，且表格与页面同宽，并适当调整表格各列列宽，结果可参考"示例 2.jpg"。

（9）文档的 4 个附件内容排列位置不正确，将其按 1,2,3,4 的正确顺序进行排列，但不能修改标题的序号。

（10）在文档开始的"插入目录"标记处插入只包含第 1 级、第 2 级共两级标题的目录并替换"插入目录"标记，目录页不显示页码。自目录后的正式文本另起一页，并插入自 1 开始的页码于右边距内，最后更新目录。

【素材列表】

Word 素材.docx
示例 1.png
示例 2.jpg
附件 1 高新技术领域.docx
附件 3 证书.jpg
附件 4 新旧政策对比.docx

【实验步骤】

（1）打开素材文件夹下的"Word 素材.docx"文件，选择"文件"→"另存为"命令，将该文件保存在素材文件夹下，另起名为 Word.docx。

（2）在"开始"选项卡的"样式"组中单击右下角的对话框开启按钮，打开"样式"任务窗格，单击任务窗格底部的"管理样式"图标，在弹出的对话框中，单击对话框左下角的"导入/导出"按钮，弹出"管理器"对话框。

在"管理器"对话框中，左侧部分提示为"在 Word.docx 中"，提示左侧部分即为当前文档。但右侧部分并不是"附件 4 新旧政策对比.docx"文档。单击对话框右侧部分的"关闭文件"按钮（注意不是对话框左侧部分的"关闭文件"按钮），该按钮变为"打开文件"按钮，再次单击该按钮，在弹出的对话框中，单击"浏览"按钮进入素材文件夹。再单击对话框右下角的"文件类型"

下拉列表框,从中选择"Word 文档(.docx)",或"所有文件(*.*)"的文件类型(注意,如果不选择文件类型则可能看不到文件"附件 4 新旧政策对比.docx"),选择素材文件夹下的文件"附件 4 新旧政策对比.docx",单击"打开"按钮,如图 8-18 所示。

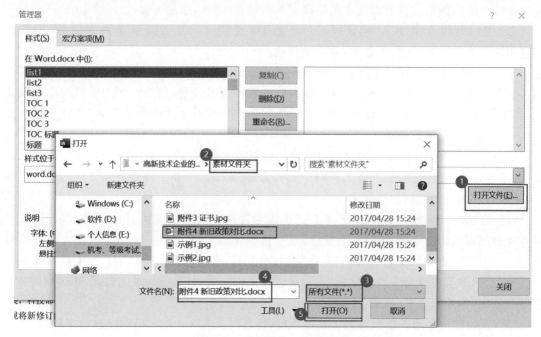

图 8-18　导入附件 4 中的样式

回到"管理器"对话框,对话框右侧已提示为"在附件 4 新旧政策对比.docx 中",按住 Ctrl 键的同时,依次单击右侧部分的"标题 1""标题 2""标题 3"及"附件正文",同时选中这 4 项内容,然后单击对话框中部的"<-复制"按钮,将这些样式复制到左侧即 Word.docx 中。在弹出的"是否要改写现有的样式 词条 标题 1?"提示框中,单击"全是"按钮,这样将覆盖 Word.docx 中的同名样式。单击对话框右下角的"关闭"按钮完成样式导入,如图 8-19 所示。

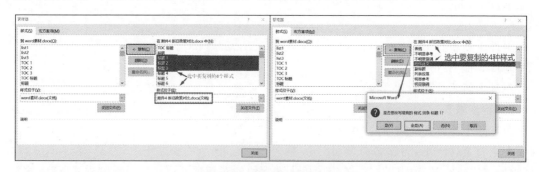

图 8-19　选择并复制样式

在素材文件夹中,双击"附件 4 新旧政策对比.docx"文件打开该文件。按 Ctrl＋A 组合键选中所有内容。按 Ctrl＋C 组合键键复制。再切换到 Word.docx 中按 Ctrl＋End 组合键将插入点定位到文档末尾,然后按 Ctrl＋V 组合键粘贴。

关闭打开的文档"附件 4 新旧政策对比.docx",后续操作将都在 Word.docx 中进行。

(3) 完成实验要求(3)的操作如下。

① 删除空行就是替换连续的两个段落标记"^p^p"为一个段落标记"^p"。注意,要多次替换,直到文档中找不到连续的两个段落标记为止。在"开始"选项卡的"编辑"组中单击"替换"按钮,弹出"查找和替换"对话框。单击对话框左下角的"更多"按钮,展开"更多"选项。将插入点定位到"查找内容"框中,然后单击对话框底部的"特殊格式"按钮,在弹出的下拉菜单中选择"段落标记"命令,则在"查找内容"框中自动插入了内容"^p"。再次单击"特殊格式"按钮,在弹出的下拉菜单中选择"段落标记"命令,使在"查找内容"框中再次插入一个"^p",即内容为"^p^p"。将插入点定位到"替换为"框中,再单击"特殊格式"按钮,在弹出的下拉菜单中选择"段落标记"命令,使"替换为"框中插入一个"^p"。单击"全部替换"按钮。然后多次单击"全部替换"按钮,直到消息框报告完成 0 处替换为止。如反复报告完成 1 处替换,应手动将文末的空行删除(将插入点定位到文末,在"不知是否还会有后续新规定。"之后,按 Delete 键删除一个段落标记)。文档开始处还有一处空行,暂不删除它,以完成实验要求(4)时便于插入文本框的操作。删除空行操作如图 8-20 所示。

图 8-20　删除空行操作

② 将对话框的"查找内容"框中的内容删除,打开中文输入法,单击输入法指示器上的"半月"图标,使其变成"满月"形状,这时切换为全角输入状态,然后在"查找内容"框中输入一个空格,这时输入的空格为全角空格(注意与半角空格是不同的,全角空格略宽)。再单击输入法指示器上的"满月"图标,使其恢复"半月"形状,即恢复半角输入状态。再删除"替换为"框中的任何内容,保持该框内容为空。单击"全部替换"按钮,则删除了所有全角空格。单击"关闭"按钮关闭对话框。删除全角空格操作如图 8-21 所示。

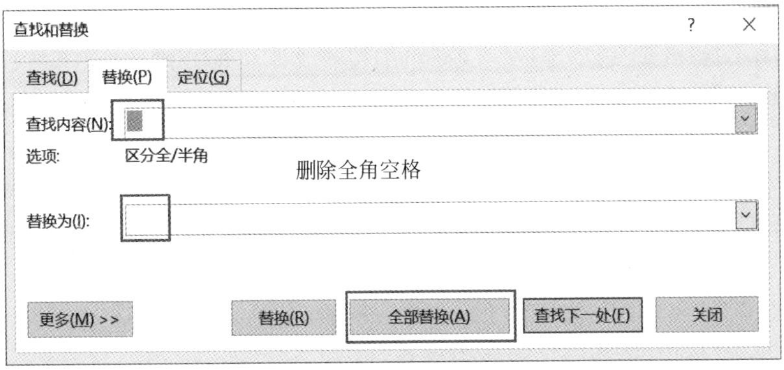

图 8-21　删除全角空格操作

③ 按住 Ctrl 键的同时，依次单击"第一章""第二章""第三章"……所在段落的左侧页边距之外（鼠标指针变为向右箭头时单击），同时选中这些段落。然后在"开始"选项卡的"样式"组中单击"标题 2"样式，将这些段落应用"标题 2"样式。

④ 将鼠标指针移动到"第一条 为扶持和鼓励高新技术企业发展……"的段落左侧页边距之外（鼠标指针变为向右箭头），双击选中该段。然后在"开始"选项卡的"编辑"组中单击"选择"按钮，在弹出的下拉菜单中选择"选择所有格式类似的文本（无数据）"命令，则选中了所有应用"正文 1"样式的文本段落。

在"开始"选项卡的"段落"组中单击"编号"按钮的右侧向下箭头，在弹出的下拉菜单中选择"定义新编号格式"命令。在弹出的对话框中，选择"编号样式"为"一、二、三（简）…"，删除"编号格式"文本框中的"."（但不要删除其中带灰色阴影的内容），在文本中带灰色阴影的内容左侧、右侧分别输入"第""条"（使框中的内容为"第 X 条"的形式，其中 X 为带阴影底纹的某大写汉字的数字），单击"确定"按钮。

在"开始"选项卡的"字体"组中设置"字号"为"五号"，单击"段落"组右下角的对话框开启按钮，弹出"段落"对话框，设置"特殊格式"为"首行缩进"，在"磅值"框中删除原有内容，输入"2 字符"（其中字符输入为汉字即可），单击"确定"按钮。

如"第一条"所在的段落没有被设置格式，可将其他已设置的段落的格式复制到"第一条"所在的段落。选中"第二条"所在的段落，在"开始"选项卡的"剪贴板"组中单击"格式刷"按钮，用格式刷选择"第一条"的段落。

分别删除文档中原有的纯文本编号文字（不带阴影的"第二条""第三条"……"第二十三条"文字）。

（4）完成实验要求（4）的操作如下。

① 按 Ctrl+Home 组合键，将插入点移动到文档开始处，在"插入"选项卡的"文本"组中单击"文本框"按钮，在弹出的下拉菜单中选择"运动型引述"命令，插入这种类型的文本框。

② 选中文档中从"财政部"到"2016 年 1 月 29 日"的几段内容，按 Ctrl+X 组合键剪切，然后单击文本框内部，按 Ctrl+V 组合键粘贴，文字被移动到文本框中。在文本框内部"2016 年 1 月 29 日"文字后按 Delete 键，删除文本框内部的最后一行（空行）。再将插入点定位到文档第一行的空行上（"插入目录"文字上一行），按 Delete 键删除文档开始处的空行。

③ 右击文本框的边框（带有四周 8 个控制点的文本框外围虚线），在弹出的快捷菜单中选择"设置形状格式"命令，在弹出的任务窗格中选择"文本框"选项，设置"左边距""右边距"均为"1 厘米"，"上边距"为"0.5 厘米"，"下边距"为"0.2 厘米"，单击"关闭"按钮关闭对话框。设置文本框内边距操作如图 8-22 所示。

④ 在"绘图工具-格式"选项卡的"大小"组中检查文本框的高度，确保不超过 12 厘米。如果超过 12 厘米，可再进一步缩小字号、行距、段落间距等调整文字格式，使文本框高度整体缩小。可再参照"示例 1.png"进行以下格式调整，但不是必需的。

选中文本框中的所有文字，在"开始"选项卡的"段落"组中单击右下角的对话框开启按钮，在弹出的"段落"对话框中，设置"段后"为较小一些的间距，如"6 磅"，再设置一种较小的行距，如"固定值""16 磅"，单击"确定"按钮。

在"科学技术部"和"关于"之间按 Enter 键，使在此处分为两段。选中文本框前 3 段文字，在"段落"组中单击"居中"按钮将文字居中对齐。

选中"根据……"一段文字，单击"段落"功能组右下角的对话框开启按钮，在弹出的"段落"

对话框中设置"特殊格式"为"首行缩进""2字符"。

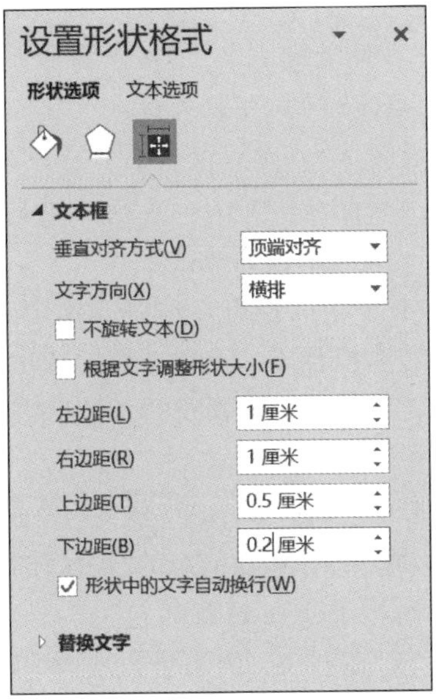

图 8-22 设置文本框内边距操作

选中最后两行文字(落款和日期),在"段落"组中单击"文本右对齐"按钮将文字右对齐。

(5) 将插入点定位到"附件 2"文字之前,按 Enter 键新增一段,将插入点定位到新增的空白段落中,在"开始"选项卡的"样式"组中单击"正文"样式,将新段落应用为"正文"样式。

在"插入"选项卡的"插图"组中单击"图片"按钮,在弹出的对话框中进入素材文件夹,单击素材文件夹下的"附件 3 证书.jpg",单击"插入"按钮。

选中所插入的图片,参考"示例 2.jpg"设置图片格式,在"图片工具-格式"选项卡的"图片样式"功能组中,任选一种样式,例如"剪裁对角线,白色"。单击"调整"选项卡中的"艺术效果"按钮,在弹出的下拉菜单中任选一种艺术效果,例如"塑封"。再单击"颜色"按钮,在弹出的下拉菜单中任选一种颜色,例如"色温,4700k"。

(6) 完成实验要求(6)的操作如下。

① 将插入点定位到绿色文字"企业向认定机构提出认定申请并提交相关材料"之前,按 Enter 键新增一段,将插入点定位到新增的空白段落上,在"开始"选项卡的"样式"组中单击"正文"样式,将新的空白段落的样式设置为"正文"。在"插入"选项卡的"插图"组中单击 SmartArt 按钮,在弹出的选择"SmartArt 图形"对话框中,选择"流程"中的"分段流程"样式,单击"确定"按钮。

② 为提高操作效率,这里将所有文本一次性地粘贴到 SmartArt 图形中完成制作,而不必一行一行地分别粘贴文本。

首先统一绿色文字下面的列表级别关系,将"企业向认定机构提出认定申请并提交相关材料"下面的 1~8 段统一为与"认定机构组织专家评审"的下级段落具有相同的格式。选中"认定机构在复核评审要求的专家中随机抽取组成专家组"一段,在"开始"选项卡的"剪贴板"组中双击"格式刷"按钮,然后分别刷选"企业向认定机构提出认定申请并提交相关材料"下面的"1.申请书"……"8.近三年所得税年度纳税申报表"的 8 个段落,使这 8 个段落具有与"认定机构……"相同的格式。刷选后按 Esc 键或再次单击"格式刷"按钮,取消格式复制状态。然后选中从"企业向认定机构提出认定申请并提交相关材料"到"经营收入等年度发展情况报表"的所有绿色文字，按 Ctrl+X 组合键剪切。

如果 SmartArt 图形旁边的"在此处键入文字"框没有展开，则单击 SmartArt 图形左边框的三角按钮展开它。然后将插入点定位到"在此处键入文字"框中第一行的"[文本]"处，按住 Delete 键不放，删除框中的所有示例文本，使其仅剩第一行，SmartArt 图形页对应地仅剩一个结点。将插入点定位到仅剩的这一行上，按 Ctrl+V 组合键粘贴，则分级文字被粘贴到"在此处键入文字"框中，同时 SmartArt 图形制作完成。

③ 拖动 SmartArt 图形边框右下角的控点，适当将图形拉大。然后在"开始"选项卡的"字体"组中设置"字体"为"微软雅黑"。按住 Ctrl 键的同时，依次单击所有第 2 级文字所在的图形元素的边框，选中所有第 2 级文字的图形元素，在"开始"选项卡的"字体"组中的"字号"框中输入 6.5，按 Enter 键。

④ 在"SmartArt 工具-设计"选项卡的"SmartArt 样式"组中单击"更改颜色"按钮，在弹出的下拉菜单中选择"彩色-个性色"命令。再在该功能组的"快速样式"列表中选择"强烈效果"样式。

⑤ 选中原文档中的样例图片，按 Delete 键删除它。

(7) 将插入点定位到标题段落"附件1：国家重点支持的高新技术领域"的文字后面，按 Enter 键新增一段，将插入点定位到新增的空白段落上，在"开始"选项卡的"样式"组中单击"正文"样式，将新的空白段落的样式设置为"正文"。

将插入点定位到新增的空白段上，在"插入"选项卡的"文本"组中单击"对象"按钮的右侧向下箭头，在弹出的下拉菜单中选择"对象"命令。在弹出的"对象"对话框中，切换到"由文件创建"选项卡，单击该选项卡下的"浏览"按钮，在弹出的对话框中进入素材文件夹，选择素材文件夹下的文件"附件1 高新技术领域.docx"，单击"插入"按钮。回到"对象"对话框，勾选"链接到文件"和"显示为图标"复选框（"链接到文件"复选框也可不勾选，考试时均可得分）。这时对话框中出现"更改图标"按钮，单击"更改图标"按钮，在弹出的"更改图标"对话框中设置"题注"为"国家重点支持的高新技术领域"，单击"确定"按钮。回到"对象"对话框，再单击"确定"按钮。

双击插入文档中的图标，检查是否能打开相应的文档进行阅读。设置对象"文件图标"操作如图 8-23 所示。

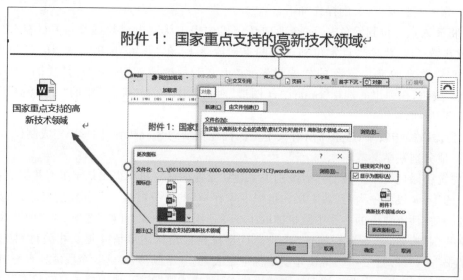

图 8-23　设置对象"文件图标"操作

(8) 要将以一定分隔符分隔的文本转换为表格,则要求分隔符为一个字符,而不能是多个字符。此处标题"附件4"下的蓝色文本以连续符号"♯♯♯"分隔是不合适的(分隔字符有3个字符),需将它转换为以一个符号为分隔符,例如可以转换为以一个Tab分隔符(转换为其他字符分隔也是可以的,但要保证所用分隔符不与文档中的其他文字内容混淆)。转换方法是:选中标题"附件4"下的所有蓝色文本,在"开始"选项卡的"编辑"组中单击"替换"按钮,弹出"查找和替换"对话框。如果对话框中的"更多"选项没有展开,单击对话框左下角的"更多"按钮展开"更多"选项。然后在"查找内容"框中输入"♯♯♯"。将插入点定位到"替换为"框中,单击"特殊格式"按钮,在弹出的下拉菜单中选择"制表符"命令,使在"替换为"框中自动输入了"^t"字样。单击"全部替换"按钮,在弹出的"是否搜索文档的其余部分"消息框中,单击"否"按钮,使替换仅在选中的蓝色文本范围内进行,而不替换文档的其他部分中的任何"♯♯♯"。单击"关闭"按钮,关闭"查找和替换"对话框。

保持所有蓝色文本为选中状态,在"插入"选项卡的"表格"组中单击"表格"按钮,在弹出的下拉菜单中选择"文本转换成表格"命令。在弹出的对话框中设置"列数"为5,"文字分隔位置"为"制表符",单击"确定"按钮。

参照"示例2.jpg"为表格套用一种表格样式。在"表格工具-设计"选项卡的"表格样式"组中任选一种非网格型的样式,例如"浅色底纹-强调文字颜色4"。

选中第一列序号列的内容单元格(除第一行外该列的其他各行单元格),在"开始"选项卡的"段落"组中单击"项目编号"按钮的右侧向下箭头,在弹出的下拉菜单中选择"定义新编号格式"命令。在弹出的对话框中选择"编号样式"为"1,2,3…",然后在"编号格式"框中删除其中的".",使仅保留带阴影的数字,单击"确定"按钮。

单击表格左上角的十字选中表格,在"开始"选项卡的"字体"组中设置"字号"为"小五"。在"表格工具-布局"选项卡的"对齐方式"组中单击"水平居中"按钮,先使所有内容水平居中对齐、垂直居中对齐。然后选中表格中除第一行和第一列以外的其余单元格内容,单击该功能组的"中部两端对齐"按钮,使这些单元格水平两端对齐、垂直居中对齐。

选中第一列所有序号单元格,在水平标尺的适当位置单击,使出现┗标记,然后在标尺上左右拖动┗标记进行调整即可。

将插入点定位到其上方的标题"新旧政策的认定条件对比表"文字之前,在"页面布局"选项卡的"页面设置"组中单击"分隔符"按钮,在弹出的下拉菜单中选择"分节符"→"下一页"命令,在此位置插入分节符。将插入点定位到"二、认定的程序性……"文字之前,用同样方法在此位置再插入一个"下一页"的分节符。将插入点定位到表格中的任意文本,在"页面布局"选项卡的"页面设置"组中单击右下角的对话框开启按钮,弹出"页面设置"对话框,在对话框底部"应用于"下拉列表框中选择"所选节"选项,然后在"纸张方向"中选择"横向"选项,单击"确定"按钮。

参考"示例2.jpg",拖动表格各列表格线,适当调整表格各列列宽,使表格所有内容可排版在一页内,并使表格总宽度占满一页宽度。

(9) 在"视图"选项卡的"文档视图"组中单击"大纲视图"按钮,切换到"大纲视图"。在"大纲"选项卡的"大纲工具"组中设置"显示级别"为"1级",则看到文档中仅显示了一级标题内容。

在大纲视图中仅选中4个附件的标题文字,在"开始"选项卡的"段落"组中单击"排序"按钮,弹出"排序文字"对话框。在对话框中设置"主要关键字"为"段落数",类型为"拼音",选择

"升序"单选按钮,单击"确定"按钮,则看到各标题已按附件1~4的顺序排列正确。附件排序操作如图8-24所示。

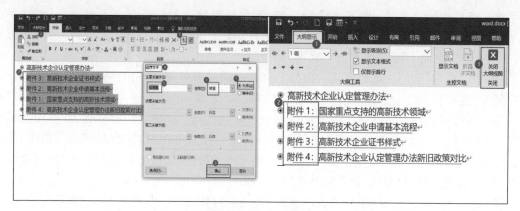

图 8-24 附件排序操作

在"大纲"选项卡的"关闭"组中单击"关闭大纲视图"按钮,切换回页面视图。

(10) 完成实验要求(10)的操作如下。

① 按 Ctrl+Home 组合键,将插入点移动到文档开始处。单击文档开始处的"插入目录"黄底色文字,选中该黄底色文字,按 Delete 键删除它。然后输入"目 录"文字(中间的空格有无均可),并在"目 录"文字后按 Enter 键另起一段。适当设置目录文字的格式,如选中它后在"开始"选项卡的"字体"组中设置"字体"为"微软雅黑""小三""蓝色";在"段落"组中单击"居中"按钮,使文字居中对齐。

② 将插入点定位到"目 录"文字下一段的空白段落中(空白段是上一步按 Enter 键新增的),在"引用"选项卡的"目录"组中单击"目录"按钮,在弹出的下拉菜单中选择"插入目录"命令,在弹出的"目录"对话框中取消勾选"显示页码"复选框,再设置"显示级别"为2,单击"确定"按钮。插入目录后,在所插入目录的最后一行"监督管理方面事项"文字后按 Delete 键,删除目录后的空白段落。插入目录操作如图8-25所示。

③ 将插入点定位到"高新技术企业认定管理办法"标题文字之前,在"布局"选项卡的"页面设置"组中单击"分隔符"按钮,在弹出的下拉菜单中选择"分节符"→"下一页"命令,插入"下一页"的分节符。

④ 双击第2页的页眉位置,进入页眉编辑状态。首先在"页眉和页脚工具-设计"选项卡的"导航"组中单击"链接到前一条页眉"按钮,使按钮为非高亮状态,以取消和目录页的页眉链接。然后在该选项卡的"页眉和页脚"组中单击"页码"按钮,在弹出的下拉菜单中选择"页边距"→"圆(右侧)"命令,在右侧页边距插入圆形页码。

再单击"页码"按钮,在弹出的下拉菜单中选择"设置页码格式"命令,在弹出的对话框中设置"页码编号"为"起始页码""1",单击"确定"按钮。

单击在右页边距处所插入的圆形内的页码,然后在"开始"选项卡的"段落"组中单击"居中"按钮,将页码在圆形图形中水平居中对齐。

右击在右页边距处所插入的页码所在的圆形,在弹出的快捷菜单中选择"设置形状格式"命令。在弹出的"设置形状格式"任务窗格中,在左侧选择"文本框"选项,再在右侧设置"垂直对齐方式"为"中部对齐",单击"关闭"按钮。设置页码对齐方式操作如图8-26所示。

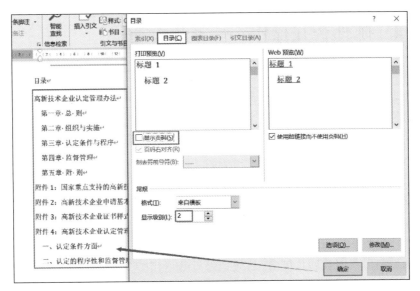

图 8-25　插入目录操作

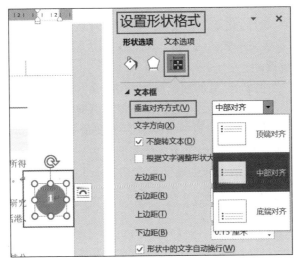

图 8-26　设置页码对齐方式操作

在"页眉和页脚工具-设计"选项卡的"导航"组中单击"下一条"按钮,检查后续各节是否也被设置了正确的页码。由于后续各节与本节默认是"链接"的关系,后续各节应均已自动设置正确,只需检查即可。

⑤ 在"页眉和页脚工具-设计"选项卡的"关闭"组中单击"关闭"按钮,退出页眉和页脚编辑状态。右击第 1 页的目录,在弹出的快捷菜单中选择"更新域"命令,在弹出的对话框中选择"只更新页码",单击"确定"按钮(如目录不包含页码,不会弹出对话框,只需选择"更新域"选项即可)。

⑥ 检查文档中是否存在空行,可再执行第(3)步,将"^p^p"替换为"^p",删除以上操作中可能引入的任何新的空行。然后将插入点定位到目录最后一行文字"二、认定的程序性和监督管理方面事项"之后,按 Delete 键删除最后目录后的空行。

最后单击"快速访问工具栏"的"保存"按钮保存文档。

8.4 邮件合并操作——家长会通知

【实验要求】

刘老师正准备制作家长会通知,根据素材文件夹下的相关资料及示例,按下列要求帮助刘老师完成编辑操作:

(1) 将素材文件夹下的"Word 素材.docx"文件另存为 Word.docx,除特殊指定外,后续操作均基于此文件。

(2) 将纸张大小设为 A4,上、左、右页边距均为 2.5 厘米,下页边距为 2.0 厘米,页眉、页脚分别距边界 1 厘米。

(3) 插入"空白(三栏)"型页眉。在左侧的内容控件中输入学校名称"武汉市武珞路中学",删除中间的内容控件,在右侧插入素材文件夹下的图片"Logo 武珞路中学.jpg"代替原来的内容控件。适当剪裁图片的长度,使其与学校名共占用一行。将页眉下方的分隔线设为标准红色、2.25 磅、上宽下细的双线型。插入"瓷砖行"页脚,输入学校地址"武汉市武昌区武珞路 387 号　邮编:430071"。

(4) 对包含绿色文本的成绩报告单表格进行下列操作:根据窗口大小自动调整表格宽度,且令语文、数学、英语、物理、化学 5 科成绩所在的列等宽。

(5) 将通知最后的蓝色文本转换为一个 6 行 6 列的表格,并参照素材文件夹下的文档"回执样例.png"进行版式设置。

(6) 在"尊敬的"和"学生家长"之间插入学生姓名,在"期中考试成绩报告单"的相应单元格中分别插入学生姓名、学号、各科成绩、总分以及各种类型的班级平均分,要求通知中所有成绩均保留两位小数。学生姓名、学号、成绩等信息存放在素材文件夹下的 Excel 文档"学生成绩表.xlsx"中(提示:班级各科平均分,位于成绩表的最后一行)。

(7) 按照中文的行文习惯,对家长会通知主文档 Word.docx 中的红色标题及黑色文本内容的字体、字号、颜色、段落间距、缩进、对齐方式等格式进行修改,使其看起来美观且易于阅读,要求整个通知只占用一页。

(8) 仅为其中学号为 c121401～c121405、c121416～c121420、c121440～c121444 的 15 位同学生成家长会通知,要求每位学生占一页内容。将所有通知页面另存为一个名为"正式家长会通知.docx"的文档中(如果有必要应删除"正式家长会通知.docx"文档中的空白页面)。

(9) 文档制作完成后,分别保存 Word.docx 和"正式家长会通知.docx"两个文档至素材文件夹下。

【素材列表】

Word 素材.docx

Logo 武珞路中学.jpg

回执样例.png

学生成绩表.xlsx

【实验步骤】

(1) 打开素材文件夹下的"Word 素材.docx"文件,选择"文件"→"另存为"命令,将该文件保存在素材文件夹下,另起名为 Word.docx。

(2) 在"布局"选项卡的"页面设置"组中单击右下角的对话框开启按钮,弹出"页面设置"

对话框,在对话框中切换到"纸张"选项卡,在"纸张大小"下拉列表框中选择 A4,切换到"页边距"选项卡,在上、左、右框中设置为"2.5 厘米",下框中设置为"2 厘米",切换到"布局"选项卡,在"距边界"框中设置页眉、页脚均为"1 厘米",单击"确定"按钮。

(3) 在"插入"选项卡的"页眉和页脚"组中单击"页眉"按钮,在弹出的下拉菜单中选择"空白(三栏)"命令,插入三栏页眉,Word 在页眉区域的左、中、右分别创建了一个内容控件。

然后在左侧内容控件中删除文本"[在此处键入]",插入"武汉市武珞路中学"。

单击中间内容控件的"[在此处键入]"并选中,然后再右击,在弹出的快捷菜单中选择"删除该内容控件"命令,删除该内容控件。

单击右侧内容控件中的"[在此处键入]"文本框,按 Delete 键删除该内容控件。保持插入点位于页眉右侧区域,在"插入"选项卡的"插图"组中单击"图片"按钮,在弹出的对话框中选择素材文件夹下的"Logo 武珞路中学.jpg"选项,单击"插入"按钮插入该图片,选中插入文档中的图片,在"图片工具-格式"选项卡的"大小"组中设置图片到较小大小(不仅使图片与学校名称"武汉市武珞路中学"能够共同容纳在一行上,而且长度尽量小,要求小于 368 像素)。

在"开始"选项卡的"样式"组中单击右下角的对话框开启按钮,打开"样式"任务窗格,在任务窗格中右击"页眉"样式,在弹出的快捷菜单中选择"修改"命令,弹出"修改样式"对话框。在"修改样式"对话框中单击左下角的"格式"按钮,在弹出的下拉菜单中选择"边框"命令,弹出"边框和底纹"对话框,在"边框和底纹"对话框中选择"样式"为上宽下细的双线型,选择颜色为标准色的"红色"选项,选择宽度为"2.25 磅",单击右侧"预览"区图示的下方设置下边框的线型,单击"确定"按钮。回到"修改样式"对话框再单击"确定"按钮。"样式"任务窗格及修改样式操作如图 8-27 所示。

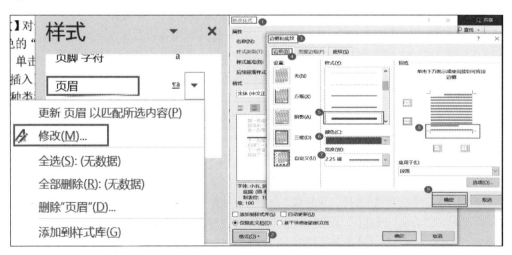

图 8-27 "样式"任务窗格及修改样式操作

在"插入"选项卡的"页眉和页脚"组中单击"页脚"按钮,在弹出的下拉菜单中选择"离子"命令,插入这种类型的页脚。在页脚中,单击"键入公司地址"内容控件并选中它,然后在其中输入"武汉市武昌区武珞路 387 号　邮编,430071"。

双击正文区任意位置退出页眉/页脚编辑状态,回到正文编辑状态。

(4) 单击绿色文本的成绩单表格左上角的十字图标,选中整个表格。在"表格工具-布局"选项卡的"单元格大小"组中单击"自动调整"按钮,在弹出的下拉菜单中选择"根据窗口自动调整表格"命令。

拖动鼠标选中表格中从"语文"到"化学-班级平均分"的5列3行的单元格区域。在"表格工具-布局"选项卡的"单元格大小"组中单击"分布列"按钮,使这5科成绩所在的列等宽。

(5) 完成实验要求(5)的操作如下。

① 选中从"家长会通知回执"到"意见及建议"6行蓝色文字,在"插入"选项卡的"表格"组中单击"表格"按钮,在弹出的下拉菜单中选择"文本转换成表格"命令,在弹出的对话框中选择"文字分隔位置"为"制表符"选项,单击"确定"按钮。

② 选中第1行整行的6个单元格,在选区上右击,在弹出的快捷菜单中选择"合并单元格"命令(表格第1行必须是"家长会通知回执",不能只将此行文字作为段落文字放于表格上方)。

③ 选中第2行最后3列单元格("所在的班级"右侧3个单元格),在选区上右击,在弹出的快捷菜单中选择"合并单元格"命令。

选中第4行第2到6列的5个单元格,在选区上右击,在弹出的快捷菜单中选择"合并单元格"命令。

选中第5行整行的6个单元格,在选区上右击,在弹出的快捷菜单中选择"合并单元格"命令。

选中第6行第2到6列的5个单元格,在选区上右击,在弹出的快捷菜单中选择"合并单元格"命令。

④ 单击表格左上角的十字图标选中整个表格。在"开始"选项卡的"字体"组中适当设置字号,例如"小四",设置字体颜色为"黑色,文字1"或"自动",在"表格工具-布局"选项卡的"对齐方式"组中单击"水平居中"按钮,使表格内所有文字水平居中对齐。

拖动表格最右侧的表格线到页边距位置,使表格宽度增大。然后拖动各单元格的右侧框线,调整单元格宽度,使"学生姓名""所在的班级"等单元格文字都容纳在一行中。

在"表格工具-布局"选项卡的"单元格大小"组中适当增大各行行高,例如在"行高"文本框中输入"0.8厘米"。参照样例,拖动"家长会通知回执"行下面的表格线,使本行行高进一步增大;拖动"家长签名"行下方面的表格线将本行行高进一步增大;拖动表格最后一行下面的表格线,再将最后一行行高进一步增大。

选中表格第1行的"家长会通知回执"文字,在"开始"选项卡的"字体"组中适当设置字号,例如"小三",选中第3行文字("是否参加…是…否…"),在"开始"选项卡的"字体"组中单击"加粗"按钮,使文字加粗。

选中表格第1行,在"表格工具-设计"选项卡的"表格样式"组中单击"边框"按钮的右侧箭头,在弹出的下拉菜单中选择"无框线"命令。仍选中表格第1行,在"绘图边框"功能组中,选择"笔样式"为"点画线","笔画粗细"为稍宽一些的宽度,例如"1.5磅",笔颜色为"黑色,文字1"或"自动"。单击"边框"按钮的右侧箭头,在弹出的下拉菜单中选择"上框线"命令。

选中表格第2行及以后所有行,用同样方法选择"笔样式"为与样式例表格四周框线相同的线形,选择笔颜色为标准色中的"紫色",单击"表格样式"组中"边框"按钮的右侧箭头,在弹出的下拉菜单中选择"外侧框线"命令。用同样方法再选择"笔样式"为"直线","笔画粗细"为"0.5磅","笔颜色"为标准色中的"紫色"。单击"表格样式"功能组的"边框"按钮的右侧箭头,在弹出的下拉菜单中选择"内部框线"命令(如单击"内部框线"命令后,表格内部光线消失,再次单击一次"内部框线"命令)。

将插入点定位到"意见及建议"单元格中,在"表格工具-布局"选项卡的"对齐方式"组中单击"文字方向"按钮,使本单元格文字垂直排列。

(6) 完成实验要求(6)的操作如下。

① 打开 Excel 文档"学生成绩表.xlsx",将 Excel 表格的最后一行的各科平均分复制、粘贴到 Word 表格中的"年级平均分"的对应单元格中。方法是：在 Excel 中选中 C46:H46 单元格区域,按 Ctrl+C 组合键复制。切换到 Word 文档,同时选中"其中考试成绩报告单"表格最后一行的第 2 到 7 列的 6 个单元格,在"开始"选项卡的"剪贴板"组中单击"粘贴"按钮的向下箭头,在弹出的下拉菜单中选择"只保留文本"命令。

② 关闭 Excel 文档。切换回 Word 文档,在"邮件"选项卡的"开始邮件合并"组中单击"开始邮件合并"按钮,在弹出的下拉菜单中选择"信函"命令,单击"选择收件人"按钮,在弹出的下拉菜单中选择"使用现有列表"命令,在弹出的对话框中,选择素材文件夹下的"学生成绩表.xlsx"文件,单击"打开"按钮,在弹出的"选择表格"对话框中单击"确定"按钮。

③ 将插入点定位到"姓名"后面的单元格中,在"邮件"选项卡的"编写和插入域"组中单击"插入合并域"按钮,在弹出的下拉菜单中选择"姓名"命令。用同样方法在"学号"后面的单元格以及各科成绩的对应单元格、总分对应的单元格中,分别通过"插入合并域"插入对应的字段。邮件合并操作步骤及分步向导如图 8-28 和图 8-29 所示。

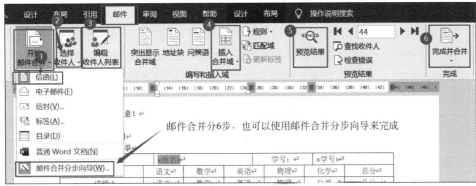

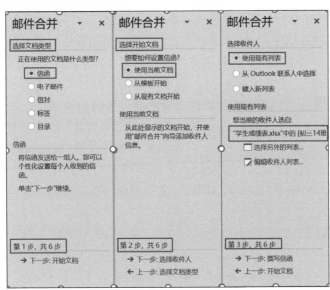

图 8-28　邮件合并操作步骤

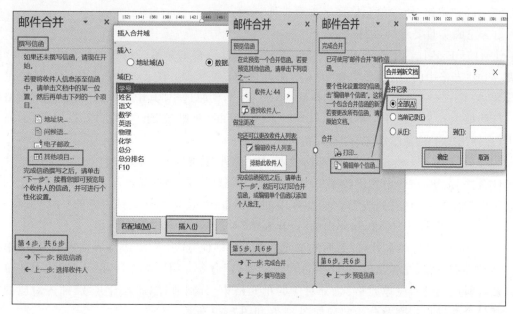

图 8-29 邮件合并分步向导

④ 为保证所有成绩均保留两位小数，有多种方式可以实现，可任意选用。只要保证合并后的内容字样正确即可。这里以使用修改域代码的方法为例，在域代码后增加代码\＃"0.00"以实现保留两位小数。对不熟悉编写代码的读者，可采用下列方法操作：通过 Word"域"对话框获得代码"\＃"0.00""，然后将这段代码复制到剪贴板，这可免去自行记忆和输入的麻烦。方法是：右击插入到文档中的语文成绩字段"《语文》"，在弹出的快捷菜单中选择"编辑域"命令。在弹出的"域"对话框中，"类别"选择"（全部）"，在"域名"列表框中选择 NumChars（或选择任意可设置数字格式的域名都可，例如还可以选择 FileSize、NumPages、Section 等），然后在对话框右侧的"数字格式"列表框中选择"0.00"（表示保留两位小数的数字格式）。现在查看所选择的域以及所选格式显示的代码是什么。单击对话框左下角的"域代码"按钮，然后在对话框右侧查看域代码，选中其中"\＃"0.00""部分按 Ctrl＋C 组合键将其复制到剪贴板，单击"取消"按钮关闭对话框。设置插入域的数字格式操作如图 8-30 和图 8-31 所示。

域代码"\＃"0.00""已被复制到剪贴板，现在分别修改插入到文档中的各个成绩字段的域代码，只要将剪贴板中的内容分别粘贴到已有的域代码的后面就可以了。右击插入到文档中的语文成绩字段"《语文》"，在弹出的快捷菜单中选择"编辑域"命令，在弹出的"域"对话框中直接单击对话框左下角的"域代码"按钮，在对话框右侧查看到"域代码"为"MERGFILED 语文"。将插入点定位到此内容之后，按 Ctrl＋V 组合键粘贴，使"域代码"变为"MERGFILED 语文 \＃"0.00""，单击"确定"按钮。用同样方法分别修改插入到文件文档中的"《数学》""《英语》"……"《总分》"的字段的域代码。

（7）选中第一段红色文字"家长会通知"，在"开始"选项卡的"字体"组中设置字体为"非宋体"的任意字体，字号为大于 10.5 磅（大于五号）的任意大小，例如设置为"微软雅黑""二号"。设置字体颜色为"黑色，文字 1"或"自动"。单击"段落"组右下角的对话框开启按钮，在弹出的"段落"对话框中设置"对齐方式"为"居中"，可适当设置段落间距，如设置"段前"间距为"0 行"、"段后"间距为"0.5 行"。

实验8 利用Word处理文本数据

图 8-30 设置插入域的数字格式 1

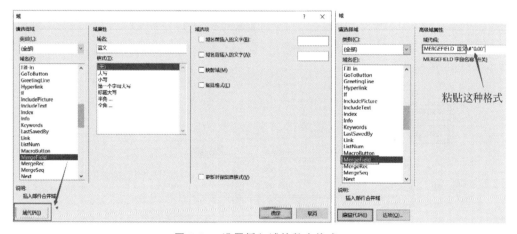

图 8-31 设置插入域的数字格式 2

选中"时光荏苒""交通出行"文字,在"开始"选项卡的"段落"组中单击右下角的对话框开启按钮,弹出"段落"对话框,设置"特殊格式"为"首行缩进""2字符",选中"武路路中学"和日期两段文字,在"开始"选项卡的"段落"组中单击"文本右对齐"按钮,使落款和日期右对齐。

选中"期中考试成绩报告单"文字,用同样方法,在"开始"选项卡的"字体"组中适当设置字体、字号,例如设置为"微软雅黑""小四",设置"字体颜色"为"黑色,文字1"或"自动",在"开始"选项卡的"段落"组中单击"居中"按钮,使本段文字居中对齐。

选中"期中考试成绩报告单"下方表格中的所有文字,用同样方法在"开始"选项卡的"字体"组中适当设置字体、字号。例如设置字体颜色为"黑色,文字1"或"自动"。选中各科成绩、班级平均分和总分单元格,在"开始"选项卡的"段落"组中单击"文本右对齐"按钮,使分数右对齐。

选中表格第1行(姓名、学号所在行),在"表格工具-设计"选项卡的"绘图边框"组中选择"笔样式"为"直线",选择"笔颜色"为"自动",单击"表格样式"组的"边框"按钮的右侧箭头,在弹出的下拉菜单中选择"下框线"命令,去除该行上、左、右的框线,只保留下框线。

适当调整各部分，一定使所有内容不超过一个页面。如超出一个页面，还可再调整"家长会通知回执"下方表格的各行高度，或调整文字的行距（如设为固定值与较小的磅值）、段间距等，必须保证所有内容不超过一个页面。

（8）在"邮件"选项卡中单击"编辑收件人列表"按钮，在弹出的对话框中只勾选学号为 C121401～C121405、C121416～C121420、C121440～C121444 的 15 位同学，取消其他项的勾选状态，单击"确定"按钮（或者见图 8-32 筛选邮件合并的收件人所示的步骤）。

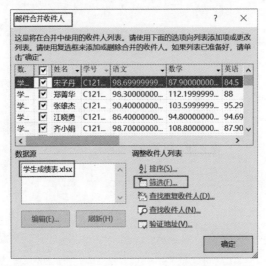

图 8-32　筛选邮件合并的收件人

在"邮件"选项卡的"完成"组中单击"完成合并"按钮，在弹出的下拉菜单中选择"编辑单个文档"命令，在弹出的对话框中单击"确定"按钮。

Word 弹出新生成的文档，文档应包含 15 位同学的家长会通知，检查每位同学的家长会通知内容必须只占 1 页，文档应只包含 15 页。如文档中有空白页，通过删除段落标记的方法删除空白页。单击"快速访问工具栏"的"保存"按钮保存该新生成的文档，在弹出的"另存为"对话框中，单击"浏览"按钮进入素材文件夹（切忌保存到"库-文档"中），输入文件名为"正式家长会通知.docx"，单击"保存"按钮。

关闭"正式家长会通知"文档，回到 Word.docx 文档，单击"快速访问工具栏"中的"保存"按钮，保存 Word.docx 文档。

利用Excel处理表格数据

【实验目的】

在实验8中,介绍了大数据分析过程中文本数据的处理方法,除以文本信息为代表的非结构化数据外,表格作为结构化数据的代表,在大数据分析中同样需要进行预处理以便更好地提取其中的关键信息。本实验将以 Excel 2016 为主要工具,介绍大数据分析中表格数据的处理方法,达到以下目的:

(1) 掌握 Excel 2016 的基本功能。
(2) 掌握工作簿和工作表的基本操作。
(3) 掌握工作表数据的输入、编辑和修改操作。
(4) 掌握外部数据的导入操作。
(5) 掌握工作表的格式化操作。
(6) 掌握单元格的引用、公式和函数的使用方法。
(7) 掌握各类图表的创建、编辑和修饰操作。
(8) 掌握数据的排序、筛选与分类汇总操作。
(9) 掌握数据透视表的使用方法。
(10) 通过上述实验达到初步利用 Excel 2016 进行数据存储与预处理。

【实验环境】

中文 Windows 10 及更高版本,Excel 2016。

【实验内容】

(1) 认识 Excel 2016。
(2) 创建和编辑 Excel 工作簿。
(3) 工作表数据的输入、编辑和修改。
(4) 在工作表中导入外部数据。
(5) 工作表的基本操作。
(6) 对工作表进行格式化处理。
(7) 使用各类公式和函数进行计算。
(8) 使用图表比较和描述工作表中的数据。
(9) 使用排序、筛选、分类汇总和数据透视表对工作表进行分析。

9.1 班级考试成绩统计

【实验要求】

打开素材文件"班级考试成绩.xlsx",完成如下操作:

(1)打开工作表 Sheet1,将标题单元格区域 A1:G1 中的单元格设置为"合并后居中",姓名单元格区域 A4:A10 的对齐方式设置为"分散对齐(缩进)",将单元格区域 A1:G14 添加内边框"细实线"、外边框"粗匣框线",设置单元格区域 C4:G13 中的字体颜色为标准色"深蓝",字形为"倾斜",对齐方式为"居中"格式。

(2)利用函数计算"总平均分""平均分"和"最高分"(结果均保留到整数),分别填入单元格区域 G4:G10、C12:G12 和 C13:G13 中。

(3)在 J4 开始的位置建立垂直查询数据表,然后用垂直查询函数对四个学期和总平均分共 5 项的"平均分"进行评价,要求分为良好(≥85 分)、中等(≥70 分)、合格(≥60 分)、不合格(<60 分)4 个等级。

(4)根据后 4 位学生在四个学期的学习情况绘制一个带数据标记的堆积折线图,图例为学期,设置图表布局为"布局 12"。在第三学期的成绩数据点右侧显示数据标签,形状样式设置为"彩色轮廓-橙色,强调颜色 2"。

(5)打开工作表 Sheet2,在单元格 A1 开始位置建立数据透视表,按性别分别统计"第一学期"和"第三学期"成绩的平均值(性别为行标签、结果保留两位小数)。应用"白色,数据透视表样式浅色 24"样式。

(6)将工作表 Sheet2 重命名为"数学成绩"。

【实验素材】

班级考试成绩.xlsx

班级考试成绩素材内容如图 9-1 所示。

	A	B	C	D	E	F	G	H	I	J
1	数学成绩一览表									
2										
3	姓名	性别	第一学期	第二学期	第三学期	第四学期	总平均分			查询数据表:
4	郝乐盟	男	70	65	78	95				
5	李燕	女	26	90	83	86				
6	赵岩	男	67	87	94	85				
7	刘健文	男	45	65	72	68				
8	汪峡	女	77	57	60	97				
9	施思	女	70	75	88	95				
10	刘健	男	35	46	62	69				
11										
12	最高分									
13	平均分									
14	成绩评价									

图 9-1 班级考试成绩素材内容

【实验步骤】

(1)将工作表 Sheet1 中的标题区域 A1:G1 选中,在"开始"选项卡的"对齐方式"组中单击"合并后居中"按钮,完成标题区域的单元格合并,标题区域操作如图 9-2 所示。

选中"姓名"列对应的单元格区域 A4:A10,在"开始"选项卡的"对齐方式"组中单击右下角的对话框开启按钮,打开"设置单元格格式"对话框的"对齐"选项卡,在"水平对齐"列表框中选择"分散对齐(缩进)"选项,单击"确定"按钮。"姓名"列单元格对齐方式设置如图 9-3 所示。

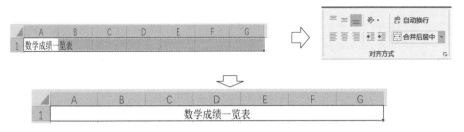

图 9-2　标题区域操作

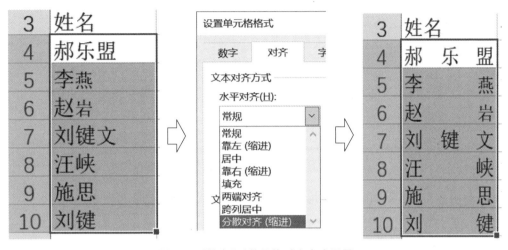

图 9-3　"姓名"列单元格对齐方式设置

选中单元格区域 A1:G14 为其设置边框,在"开始"选项卡的"字体"组中单击"下框线"按钮右侧的下拉箭头,在弹出的下拉菜单中选择"其他边框"命令,打开"设置单元格格式"对话框的"边框"选项卡。在选项卡中对选中范围的外边框进行设置,首先在"直线"下的"样式"列表框中选中"粗匣框线"(右列由上到下第 6 个),单击"外边框"按钮确定设置的内容。接下来设置内边框的"直线样式"为"细实线"(左列由下到上第 1 个),单击"内部"按钮确定设置的内容,最后单击"确定"按钮。设置单元格区域的内、外边框样式及结果如图 9-4 所示。

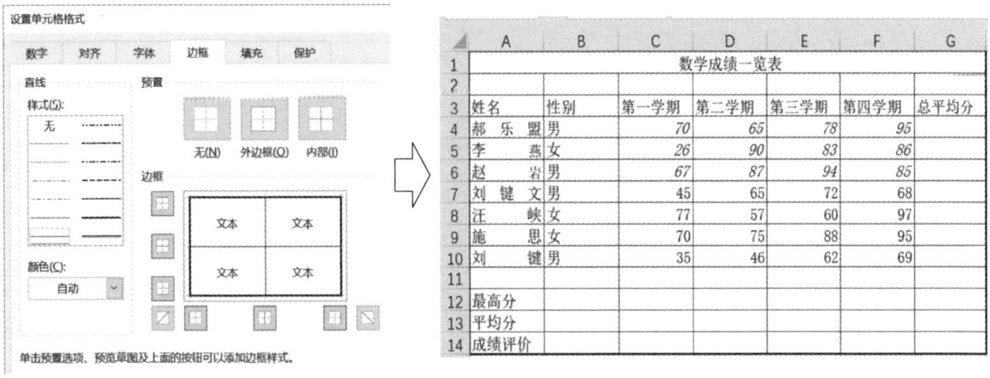

图 9-4　设置单元格区域的内、外边框样式及结果

选中单元格区域 C4:G13,通过"开始"选项卡"字体"组的颜色设置按钮 ▲ 旁的向下箭头将字体颜色设为标准色"深蓝",单击 *I* 按钮将字形设置为"倾斜",在"开始"选项卡的"对齐方式"组中单击右下角的对话框开启按钮,打开"设置单元格格式"对话框的"对齐"选项卡,在"水平对齐"列表框中选择"居中"选项,单击"确定"按钮。设置数字区域的字体和对齐方式结果如图 9-5 所示。

	A	B	C	D	E	F	G
1				数学成绩一览表			
2							
3	姓名	性别	第一学期	第二学期	第三学期	第四学期	总平均分
4	郝 乐 盟	男	70	65	78	95	
5	李　　燕	女	26	90	83	86	
6	赵　　岩	男	67	87	94	85	
7	刘 键 文	男	45	65	72	68	
8	汪　　峡	女	77	57	60	97	
9	施　　思	女	70	75	88	95	
10	刘　　键	男	35	46	62	69	
11							
12	最高分						
13	平均分						
14	成绩评价						

图 9-5　设置数字区域的字体和对齐方式结果

(2) 利用 AVERAGE 函数计算每一位学生的"总平均分"。以姓名为"郝乐萌"的学生"总平均分"计算为例,选中单元格 G4,在单元格内输入等号"=",进入公式编辑状态。在"公式"选项卡的"函数库"组中单击"其他函数"下方的箭头,在弹出的下拉菜单中选择"统计"→AVERAGE 命令,弹出 AVERAGE 函数的"函数参数"对话框。在参数 Number1 右侧的输入框中已自动填入了记录学生"郝乐萌"各学期数学成绩的单元格范围 C4:F4,此处无须更改,单击"确定"按钮。使用 AVERAGE 函数计算总平均分如图 9-6 所示。

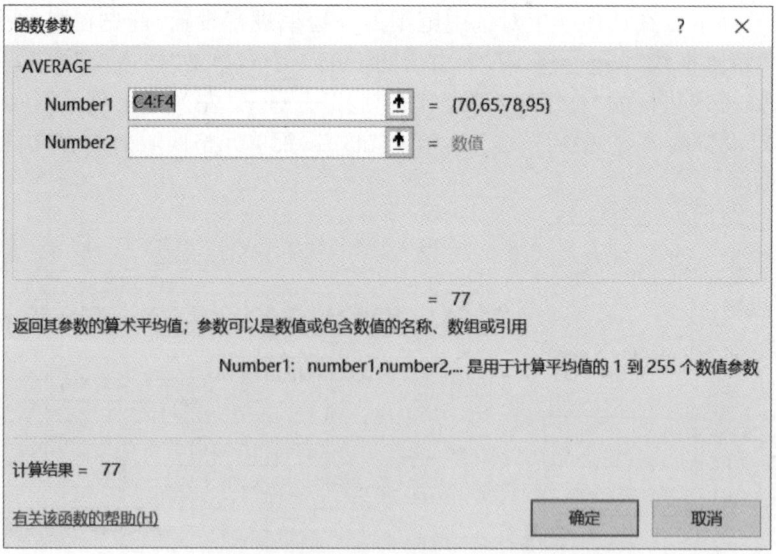

图 9-6　使用 AVERAGE 函数计算总平均分

重新选中单元格 G4,将鼠标移至该单元格右下角的黑色小方块(即填充柄)上,当鼠标指针变为一个黑色十字形 ✚ 后,向下拖动鼠标至单元格 G10,利用自动填充的方式复制 G4 中的公式,计算每一个学生的总平均分。

然后利用 MAX 函数计算各学期及总平均分的最高分。以"第一学期"的最高分计算为例,选中"第一学期"最高分对应的单元格 C12,在单元格内输入等号"=",进入公式编辑状态。在"公式"选项卡的"函数库"组中单击"其他函数"下方的箭头,在弹出的下拉菜单中选择"统计"→MAX 命令,弹出 MAX 函数的"函数参数"对话框,在参数 Number1 右侧的输入框中输入记录第一学期全体同学成绩的单元格范围 C4:C10,单击"确定"按钮。接着再次利用自动填充的功能复制 C12 中的公式至 G12,计算每一学期的最高分和最高总平均分。

接下来再次利用 AVERAGE 函数计算每一学期所有同学的平均分。以"第一学期"的平均分计算为例,选中"第一学期"平均分对应的单元格 C13,在单元格内输入等号"=",进入公式编辑状态,利用相同的方式弹出 AVERAGE 函数的"函数参数"对话框,在参数 Number1 右侧的输入框中输入第一学期全体同学成绩的单元格范围 C4:C10,单击"确定"按钮。接着再次利用自动填充的功能复制 C13 中的公式至 G13,计算所有同学每一学期的平均分和总平均分。

最后分别对单元格区域 G4:G10、C12:G13 内的计算结果进行取整。同时选中这两个区域,然后在"开始"选项卡的"数字"组中单击右下角的对话框开启按钮,打开"设置单元格格式"对话框的"数字"选项卡,在"分类"列表框中选择"数值"类型,将右侧的"小数位数"设置为0,单击"确定"按钮。函数统计计算结果如图 9-7 所示。

图 9-7　函数统计计算结果

(3) 要使用垂直查询函数对四个学期和总平均分共 5 项的"平均分"进行评价,首先需要在 J4 开始的位置建立垂直查询数据表作为评价依据。在垂直查询函数中,若将 Range_lookup 参数设置为 TRUE 或者默认值,则表示在查找过程中使用近似匹配原则;如果找不到与 Lookup_value 参数精确匹配的值,则返回小于 Lookup_value 参数的最大值。利用该原则,可以将分段评价的底分设置为垂直查询数据表中被查询的值,将评价结果设置为垂直查询数据表中返回的值。垂直查询数据表设置如表 9-1 所示。

表 9-1　垂直查询数据表设置

被查询的值(底分)	返回的值(评价结果)	分数范围
85	良好	85～100
70	中等	70～84
60	合格	60～69
0	不合格	0～59

图 9-8 垂直查询数据表

垂直查询数据表如图 9-8 所示,将表 9-1 中前两列的内容填入垂直查询数据表中。选中第一学期"成绩评价"单元格 C14,在单元格内输入等号"=",进入公式编辑状态。在"公式"选项卡的"函数库"组中单击"查找与引用"下方的箭头,在弹出的下拉菜单中选择 VLOOKUP 命令,弹出 VLOOKUP 函数的"函数参数"对话框。在参数 Lookup_value 右侧的输入框中设置要查找的值,即表示"第一学期平均分"的单元格 C13。在参数 Table_array 右侧的输入框中设置被查找的范围,这里设置垂直查询数据表对应的单元格区域 \$J\$4:\$K\$7。需要注意的是,这里使用了绝对引用,这是为了在复制公式时使搜索的范围固定不变。在参数 Col_index_num 右侧的输入框中设置返回数据在参数 Table_array 中的列号,由于评价结果在垂直查询数据表的第 2 列中,这里将其设置为"2"。在参数 Range_lookup 右侧的输入框中输入 TRUE 或保持默认状态,使用近似匹配原则进行查询。设置完成后,单击"确定"按钮。VLOOKUP 函数参数设置如图 9-9 所示。

图 9-9 VLOOKUP 函数参数设置

由于第一学期平均分计算结果为 56,在被查询范围 \$J\$4:\$K\$7 的第一列(0,60,70,85)中没有与之匹配的值,根据近似匹配原则,将返回小于 56 的最大值 0 对应的评价结果"不合格"。利用自动填充的功能复制 C14 中的公式至 G14,使用相同的查询方式获取每一学期"平均分"及"总平均分"的评价结果。VLOOKUP 函数计算结果如图 9-10 所示。

	A	B	C	D	E	F	G
1	数学成绩一览表						
2							
3	姓名	性别	第一学期	第二学期	第三学期	第四学期	总平均分
4	郝 乐 盟	男	70	65	78	95	77
5	李 燕	女	26	90	83	86	71
6	赵 岩	男	67	87	94	85	83
7	刘 键 文	男	45	65	72	68	63
8	汪 峡	女	77	57	60	97	73
9	施 思	女	70	75	88	95	82
10	刘 键	男	35	46	62	69	53
11							
12	最高分		77	90	94	97	83
13	平均分		56	69	77	85	72
14	成绩评价		不合格	合格	中等	良好	中等

图 9-10 VLOOKUP 函数计算结果

(4)选中需要插入折线图的关联数据单元格区域,包含四个部分:单元格 A3、单元格区域 A7:A10、单元格区域 C3:F3 及单元格区域 C7:F10,选中关联数据单元格区域如图 9-11 所示。在"插入"选项卡的"图表"组中单击"插入折线图或面积图"按钮,在弹出的下拉菜单中选择"堆积折线图"命令完成基本图表的插入,插入的基本堆积折线图如图 9-12 所示。

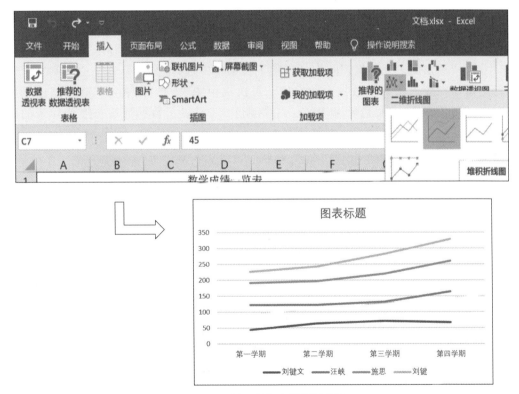

图 9-11　选中关联数据单元格区域

图 9-12　插入的基本堆积折线图

接下来对图 9-12 中的基本图表进行编辑,使其符合实验内容的要求。首先选中图表,在"图表工具-设计"选项卡的"数据"组中单击"切换行/列"按钮,让学生"姓名"在横坐标轴下方显示,将图例更改为"学期",单击"确定"按钮完成设置。再单击"图表布局"组中"快速布局"按钮,在布局列表中选择"布局 12"应用到图表中。对基本图表进行编辑后的效果如图 9-13 所示。

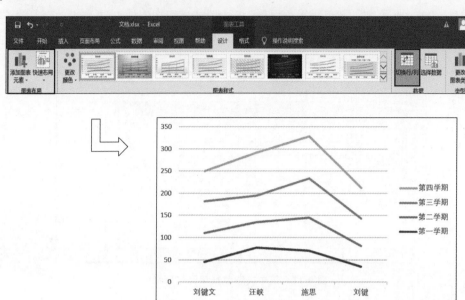

图 9-13　对基本图表进行的编辑

在绘图区中选中"第三学期"所代表的数据系列,在"图表工具-设计"选项卡的"图表布局"组中单击"添加图表元素"按钮,在弹出的下拉菜单中选择"数据标签"→"右侧"命令,将数据标签添加在数据系列中数据点的右侧。再次选中图表,在"图表工具-格式"选项卡的"形状样式"列表中选择"彩色轮廓-橙色,强调颜色 2",设置了数据标签与形状样式的图表如图 9-14 所示。

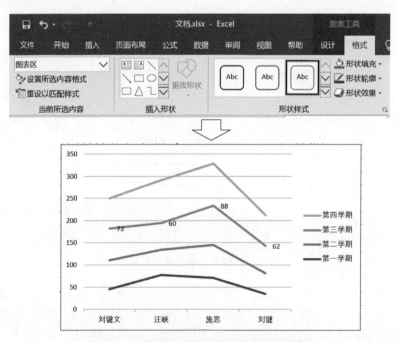

图 9-14　设置了数据标签与形状样式的图表

(5) 单击 Sheet1 工作表标签右侧的"新工作表"按钮 ⊕，在其右侧插入新工作表 Sheet2。在 Sheet2 工作表中选中 A1 单元格，在"插入"选项卡的"表格"组中单击"数据透视表"按钮，弹出"创建数据透视表"对话框，如图 9-15 所示。

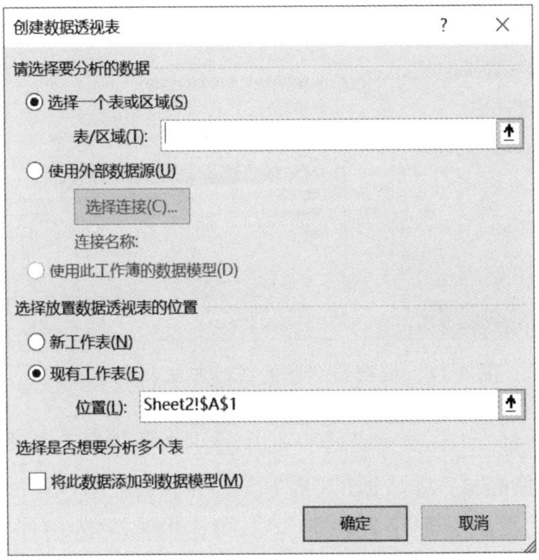

图 9-15　"创建数据透视表"对话框

在"请选择要分析的数据"栏中选择"选择一个表或区域"单选按钮，在下方的"表/区域"右侧的输入框旁单击选择按钮 ↑，选择数据透视表的数据源单元格区域 Sheet1 中的单元格区域 A3:G10，在"选择放置数据透视表的位置"栏中，已经自动选择了将透视表插入至工作表 Sheet2 的单元格 A1，这里不做更改。单击"确定"按钮插入一个空白数据透视表，同时在右侧显示"数据透视表字段"任务窗格。"数据透视表字段"任务窗格如图 9-16 所示。

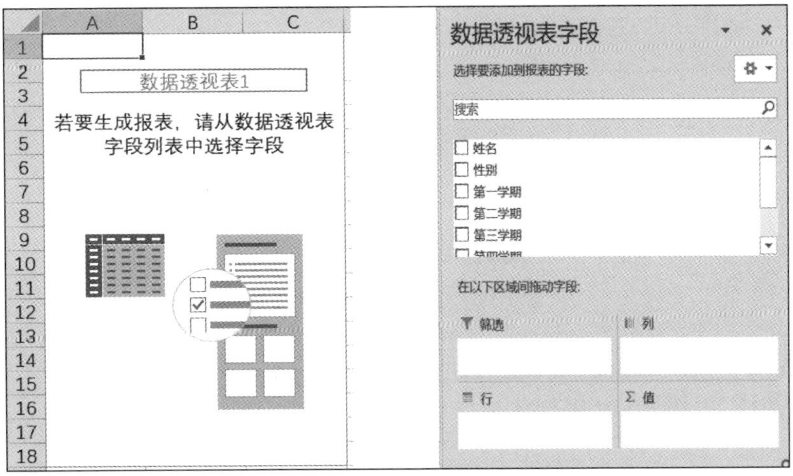

图 9-16　"数据透视表字段"任务窗格

在"选择要添加到报表的字段"下方的字段列表中，分别勾选字段"性别""第一学期""第三学期"，将其添加到数据透视表的行、列和值区域中，在"数值"下方列表中单击"求和项：第一学期"，在弹出的下拉菜单中选择"值字段设置"命令，弹出"值字段设置"对话框，设置值字段的统计方式和数字格式如图 9-17 所示。

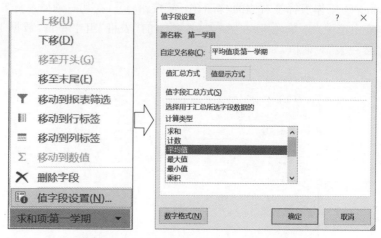

图 9-17　设置值字段的统计方式和数字格式

在"值字段设置"对话框"计算类型"列表框中选择"平均值"选项,单击左下方的"数字格式"按钮,打开"设置单元格格式"对话框的"数字"选项卡,在"分类"列表框中选择"数值"类型,在右侧的"小数位数"输入框中设置小数位数为2,单击"确定"按钮回到"值字段设置"对话框,再次单击"确定"按钮完成值字段的设置。按照相同的方式对"求和项:第三学期"的统计方式和数字格式进行设置。选中数据透视表中的任何一个单元格,在"数据透视表工具-设计"选项卡的"数据透视表样式"组中单击样式列表中的其他按钮,在弹出的样式列表中选择"白色,数据透视表样式浅色24",得到的数据透视表插入结果如图9-18所示。

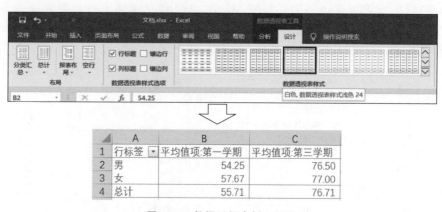

图 9-18　数据透视表插入结果

(6) 在 Sheet2 工作表标签上双击,此时工作表标签名称将进入可编辑状态,输入新的工作表名"数学成绩"后按 Enter 键确认。

9.2　员工工资统计

【实验要求】

打开素材文件"员工工资.xlsx",完成如下操作:

(1) 重命名 Sheet1 工作表为"筛选统计"。

(2) 在 A1 行前插入标题行,输入标题内容为"长城电脑公司职工工资表",字体设置为"华文彩云",字的颜色设置为"标准色-红色",字号设置为"16",将标题单元格区域 A1:F1 设置为"合并后居中"格式。

(3) 利用公式计算公积金(按基本工资的 12%缴纳)、实发工资(=基本工资+奖金-公积金),用函数计算研发部所有员工实发工资之和(上述结果均保留 2 位小数),统计公司中基本工资高于 2000 元的员工人数。

(4) 使用条件格式将"实发工资"列内高于 4000 元的值设置为红色、加粗格式。

(5) 根据前 4 位员工的"基本工资"和"实发工资"绘制三维簇状柱形图,图例为姓名,图表标题为"工资比较图",选择"图表布局 1"和"图表样式 11",形状样式选择"强烈效果-橙色,强调颜色 6"。将图表放在工作表右侧。

(6) 在 A14 开始的位置建立筛选条件,利用"高级筛选"功能查找"研发部"奖金在 2500 元以上或实发工资在 5000 元以上的职工记录,并将筛选结果显示在 F15 开始位置。

【实验素材】

员工工资.xlsx

员工工资素材内容如图 9-19 所示。

	A	B	C	D	E	F
1	部门	姓名	基本工资	奖金	公积金	实发工资
2	研发部	王军	2567.3	2520		
3	销售部	李小勇	3456.55	2650		
4	研发部	陈燕	3659.8	2090		
5	研发部	胡大为	2487.78	2250		
6	销售部	徐华依	1487.72	2180		
7	研发部	黄敏芳	2787.78	2270		
8	销售部	王微	1564.34	2080		
9						
10		研发部员工实发工资之和:				
11		基本工资高于2000元员工个数:				

图 9-19　员工工资素材内容

【实验步骤】

(1) 在 Sheet1 工作表标签上双击,此时工作表标签名称将进入可编辑状态,输入新的工作表名"筛选统计"后按 Enter 键确认。

(2) 单击工作表左侧的行号"1",选中工作表的第一行,在第一行上右击,在弹出的快捷菜单中选择"插入"命令,在第一行上方插入新的一行。选中单元格 A1,输入标题"长城电脑公司职工工资表"后,在"开始"选项卡"字体"组中的"字体"下拉菜单中选择字体"华文彩云",在"字体颜色"选择框中选择"红色",在"字号"下拉菜单中设置字体大小为"16",完成标题字体格式的设置。再选中标题区域 A1:F1,在"开始"选项卡的"对齐方式"组中单击"合并后居中"按钮,完成标题区域的单元格合并。

(3) 计算每位员工的公积金、实发工资金额并对其进行统计。实验要求计算结果精确到 2 位小数,因此需要分别对单元格区域 E3:F9 和单元格 E11 内的数字格式进行设置。方法为选中单元格区域 E3:F9 和单元格 E11,然后在"开始"选项卡的"数字"组中单击右下角的对话框开启按钮，打开"设置单元格格式"对话框的"数字"选项卡。在左侧"分类"列表框中选择"数值"选项,将右侧"小数位数"设置为 2,单击"确定"按钮。

接着计算每位员工的公积金和实发工资金额。首先利用公式计算每位员工应缴纳的公积金(按基本工资的 12%缴纳),以员工"王军"的公积金计算为例,在单元格 E3 中输入公式

"＝C3＊12％"(其中单元格 C3 的值代表员工"王军"的基本工资数额,公式将计算基本工资的 12％作为员工"王军"的公积金填入单元格 E3)。使用填充柄复制 E3 中的公式到单元格 E9,计算每一位员工的公积金金额。再利用公式计算每位员工的实发工资金额(＝基本工资＋奖金－公积金),以员工"王军"的实发工资计算为例,在单元格 F3 中输入公式"＝C3＋D3－E3"(其中单元格 C3、D3 和 E3 的值分别代表员工"王军"的基本工资、奖金和公积金数额,得到的实发工资计算结果将填入单元格 F3)。使用填充柄复制 F3 中的公式到单元格 F9,计算每一位员工的实发工资金额。员工工资计算结果如图 9-20 所示。

	A	B	C	D	E	F
1	长城电脑公司职工工资表					
2	部门	姓名	基本工资	奖金	公积金	实发工资
3	研发部	王军	2567.3	2520	308.08	4779.22
4	销售部	李小勇	3456.55	2650	414.79	5691.76
5	研发部	陈燕	3659.8	2090	439.18	5310.62
6	研发部	胡大为	2487.78	2250	298.53	4439.25
7	销售部	徐华依	1487.72	2180	178.53	3489.19
8	研发部	黄敏芳	2787.78	2270	334.53	4723.25
9	销售部	王微	1564.34	2080	187.72	3456.62

图 9-20 员工工资计算结果

然后利用 SUMIF 函数统计所有研发部员工实发工资之和。选中统计结果单元格 E11,在单元格内输入等号"＝",进入公式编辑状态,在"公式"选项卡的"函数库"组中单击"数学和三角函数"下方的箭头,在弹出的下拉菜单中选择 SUMIF 函数,弹出 SUMIF 函数的"函数参数"对话框。在参数 Range 右侧的输入框中选择进行求和条件判断的单元格区域,此处单击输入框右侧的选择按钮,选中存放员工所在"部门"信息的单元格区域 A3:A9;在参数 Criteria 右侧的输入框中输入求和条件"研发部",即对"部门"为"研发部"的员工信息进行统计;在 Sum_range 参数右侧的输入框中输入实际用于求和的单元格区域,此处单击输入框右侧的选择按钮,选中存放员工"实发工资"信息的单元格区域 F3:F9,利用 SUMIF 函数统计研发部员工实发工资之和如图 9-21 所示。完成上述设置后单击"确定"按钮。

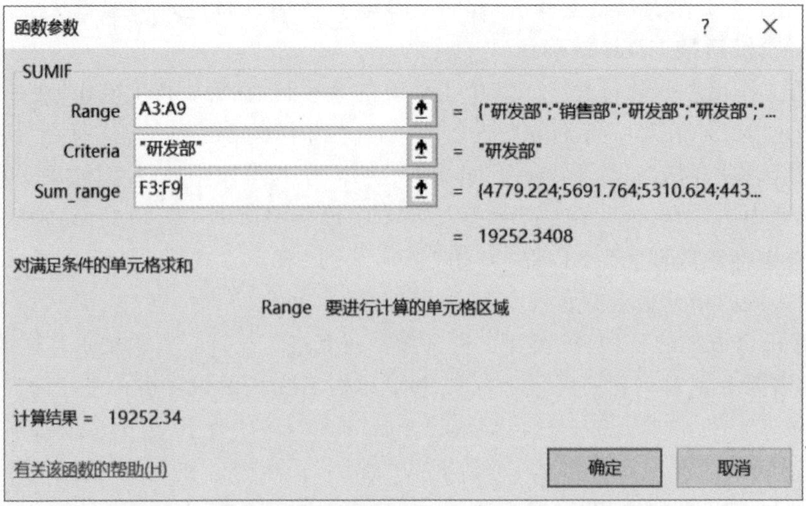

图 9-21 利用 SUMIF 函数统计研发部员工实发工资之和

最后利用 COUNTIF 函数统计公司基本工资高于 2000 元的员工人数。选中统计结果单元格 E12，在单元格内输入等号"＝"，进入公式编辑状态，在"公式"选项卡的"函数库"组中单击"其他函数"下方的箭头，在弹出的下拉菜单中选择"统计"→COUNTIF 命令，弹出 COUNTIF 函数的"函数参数"对话框。在参数 Range 右侧的输入框中选择进行计数条件判断的单元格区域，此处单击输入框右侧的选择按钮，选中存放员工"基本工资"信息的单元格区域 C3:C9；在参数 Criteria 右侧的输入框中输入计数条件"＞2000"，即对基本工资大于 2000 元的员工数量进行统计，利用 COUNTIF 函数统计基本工资高于 2000 元的员工个数如图 9-22 所示。完成上述设置后单击"确定"按钮。员工工资信息统计结果如图 9-23 所示。

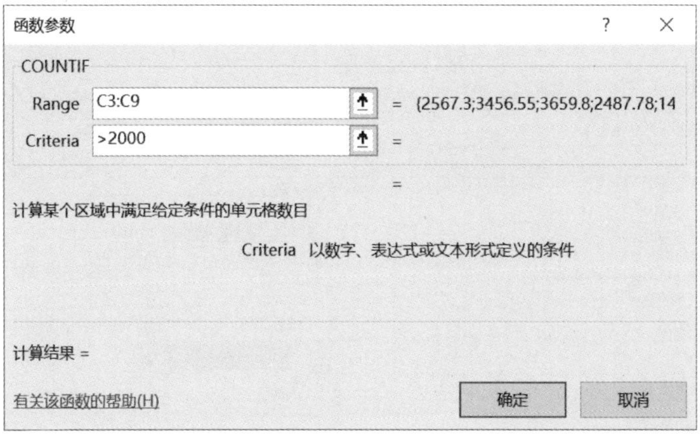

图 9-22 利用 COUNTIF 函数统计基本工资高于 2000 元的员工个数

图 9-23 员工工资信息统计结果

（4）对"实发工资"列中高于 4000 元的值进行条件格式设置。首先选中该列对应的单元格区域 F3:F9，在"开始"选项卡的"样式"组中单击"条件格式"按钮，在弹出的下拉菜单中选择"突出显示单元格规则"→"大于"命令，弹出"大于"对话框，在"大于"和"设置单元格格式"对话框中设置条件格式如图 9-24 所示。

在"为大于以下值的单元格设置格式："下方的输入框中输入条件"4000"，即对"实发工资"高于 4000 元的单元格进行条件格式设置，在"设置为"右侧的下拉菜单中选择"自定义格式"，打开"设置单元格格式"对话框的"字体"选项卡。设置条件格式字体颜色为"红色"，字形为"加粗"，如图 9-24 所示。单击"确定"按钮完成格式设置回到"大于"对话框，再次单击"确定"按钮完成条件格式的设置，条件格式设置结果如图 9-25 所示。

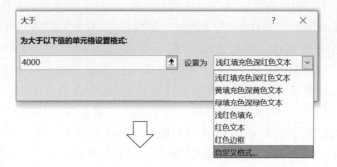

图 9-24 在"大于"和"设置单元格格式"对话框中设置条件格式

	A	B	C	D	E	F
1	长城电脑公司职工工资表					
2	部门	姓名	基本工资	奖金	公积金	实发工资
3	研发部	王军	2567.3	2520	308.08	4779.22
4	销售部	李小勇	3456.55	2650	414.79	5691.76
5	研发部	陈燕	3659.8	2090	439.18	5310.62
6	研发部	胡大为	2487.78	2250	298.53	4439.25
7	销售部	徐华依	1487.72	2180	178.53	3489.19
8	研发部	黄敏芳	2787.78	2270	334.53	4723.25
9	销售部	王微	1564.34	2080	187.72	3456.62

图 9-25 条件格式设置结果

(5) 选中需要插入三维簇状柱形图的关联数据单元格区域,该区域包含 3 部分:前 4 位员工的"姓名"区域 B3:B6、前 4 位员工的"基础工资"C3:C6 和"实发工资"区域 F3:F6。在"插入"选项卡的"图表"组中单击"柱形图"按钮,在弹出的下拉菜单中选择"三维簇状柱形图"完成基本图表的插入,如图 9-26 所示。

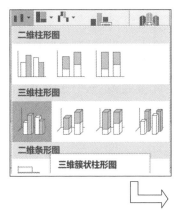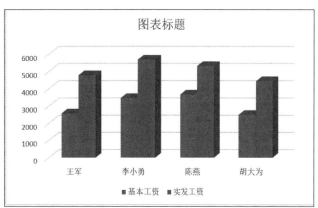

图 9-26　插入基本三维簇状柱形图

接下来对图 9-26 中的基本图表进行编辑,使其符合实验内容的要求。首先选中图表区,在"图表工具-设计"选项卡的"数据"组中单击"切换行/列"按钮,将图例更改为"姓名"。保持图表区的选中状态,在"图表工具-设计"选项卡的"图表布局"组中单击"快速布局"按钮,在"快速布局"下拉菜单中选择"布局 1"。在右侧的"图表样式"组中单击"其他"按钮,在"图表样式"下拉菜单中选择"样式 11"。切换到"格式"选项卡,在"形状样式"组中单击"其他"按钮,在"主题样式"列表框中选择"强烈效果-橙色,强调颜色 6"。选中图表区中的标题文本框,在其中输入图表标题"工资比较图"。拖动整个图表区至工作表右侧,得到的三维簇状柱形图编辑结果如图 9-27 所示。

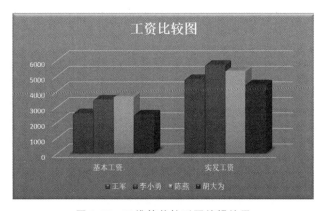

图 9-27　三维簇状柱形图编辑结果

(6) 利用"高级筛选"功能查找"研发部"奖金在 2500 元以上或实发工资在 5000 元以上的职工记录。在 A14 开始的位置建立筛选条件区域,此区域由三行组成:第一行为所要筛选的字段名称,包括"部门""奖金""实发工资";第二行为筛选的第一类条件,即"部门"满足"＝研发部","奖金"满足">2500";第三行为筛选的第二类条件,即"部门"满足"＝研发部","实发工资"满足">5000"。注意,第二、三行的筛选条件与第一行中的字段名对齐;在向单元格中输入筛选条件"＝研发部"时,应在等号"＝"前面添加一个英文半角单引号"'",以免 Excel 默认认为等号"＝"后面为公式内容。

确立了高级筛选条件后,单击需要显示筛选结果的位置,这里选择单元格 F15。在"数据"选项卡的"排序和筛选"组中单击"高级"按钮,弹出"高级筛选"对话框。在"方式"下方选择筛选结果的存放方式,这里选择"将筛选结果复制到其他位置"单选按钮,在"列表区域"框中选择进行筛选的区域,这里选择工作表中工资数据区域 A2:F9,在"条件区域"框中选择筛选条件所在的区域,这里选择工作表中的筛选条件区域 A14:J16,在"复制到"框中选中单元格 F15,此时筛选结果将从 F15 开始向右向下填充,如图 9-28 所示。单击"确定"按钮,得到所有"研发部"奖金在 2500 元以上或实发工资在 5000 元以上的职工记录,利用"高级筛选"功能进行查找如图 9-29 所示。

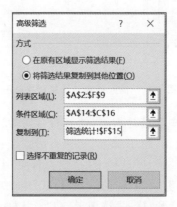

图 9-28　设置"高级筛选"对话框

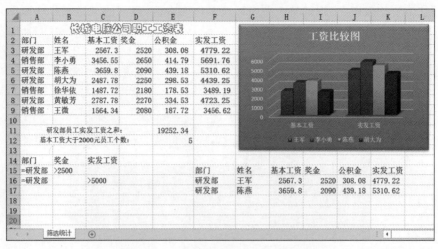

图 9-29　利用"高级筛选"功能进行查找

9.3 员工个税情况统计

【实验要求】

打开素材文件"员工个税情况.xlsx",完成如下操作:

(1) 利用函数计算"应发工资"(保留 2 位小数)。

(2) 用 IF 函数找出应发工资高于 5000 元的职工,并用"需纳税"字样显示,其他无显示(输入一对西文双引号)。

(3) 将单元格区域 C3:F8 设置为保留 2 位小数,字形为"倾斜",水平对齐方式为"居中"格式。

(4) 将单元格区域 A1:G8 设置内边框为"最细虚线",外边框为"双线"格式。

(5) 将"程程"的工资数据绘制成一张饼图,比较"基本工资""补贴""奖金"所占"应发工资"的百分比。图表标题为"程程工资",选择"图表样式 8"和"图表布局 1",显示百分比(保留 2 位小数)和类别名称。

(6) 将单元格区域 A1:G8 中的内容复制到 Sheet2 工作表首行(A1 为起始位置),将 Sheet2 工作表重命名为"工资统计"。

(7) 在工作表"工资统计"中建立分类汇总表,按车间分别统计"奖金"和"应发工资"的总计(提示:按升序排序)。

【实验素材】

员工个税情况.xlsx

员工个税情况素材内容如图 9-30 所示。

	A	B	C	D	E	F	G
1	职工工资情况						
2	车间	姓名	基本工资	补贴	奖金	应发工资	缴税否
3	仪表	王勇军	2820.45	1420.40	500.00		
4	焦化	李燕	2960.90	1380.80	696.00		
5	焦化	陈利	2450.34	1361.06	320.00		
6	仪表	刘恒文	3020.40	1476.80	900.00		
7	仪表	程程	2938.50	1327.24	580.00		
8	焦化	郑秀丽	2920.40	1417.20	260.00		

图 9-30 员工个税情况素材内容

【实验步骤】

(1) 利用 SUM 函数计算每位员工的"应发工资",即对"基本工资""补贴""奖金"三项进行求和运算。以员工"王勇军"的"应发工资"计算为例,在单元格 F3 内输入等号"=",进入公式编辑状态。在"公式"选项卡的"函数库"组中单击"数学和三角函数"下方的箭头,在弹出的下拉菜单中选择 SUM 命令,弹出 SUM 函数的"函数参数"对话框。在参数 Number1 右侧的输入框中已自动填入了记录员工"王勇军"各项工资金额的单元格区域 C3:E3,此处无须更改,直接单击"确定"按钮完成求和计算,利用 SUM 函数计算员工的"应发工资"如图 9-31 所示。使用填充柄将 F3 中的公式复制到 F8,即可计算每位员工的"应发工资"。

(2) 利用 IF 函数判断每位员工是否需要缴纳个税,即判断其"实发工资"金额是否高于 5000 元。以员工"王勇军"的个税缴纳判断为例,在单元格 G3 中输入等号"=",进入公式编辑状态。在"公式"选项卡的"函数库"组中单击"逻辑"下方的箭头,在弹出的下拉菜单中选择 IF 命令,弹出 IF 函数的"函数参数"对话框。在参数 Logical_test 右侧的输入框中输入逻辑判断

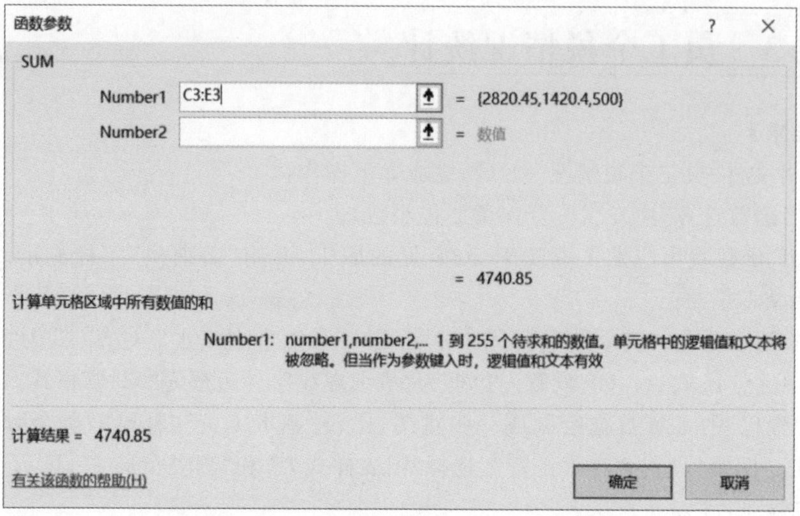

图 9-31　利用 SUM 函数计算员工的"应发工资"

表达式"F3＞5000",其中 F3 存放的值为员工"王勇军"的应发工资值,判断其是否高于 5000 元;在参数 Value_if_true 右侧的输入框中输入当"F3＞5000"为真时返回到单元格 G3 中的值,这里输入"需纳税",即当应发工资值高于 5000 元时,应缴纳个税;在参数 Value_if_false 右侧的输入框中输入当"F3＞5000"为假时返回到单元格 G3 中的值,这里输入一对西文双引号("")返回空值,即当应发工资不高于 5000 元时,无须缴纳个税,如图 9-32 所示。设置完毕后单击"确定"按钮完成函数的计算。使用填充柄将 G3 中的公式向下复制填充至 G8,即可对每位员工是否需要缴税进行判断。

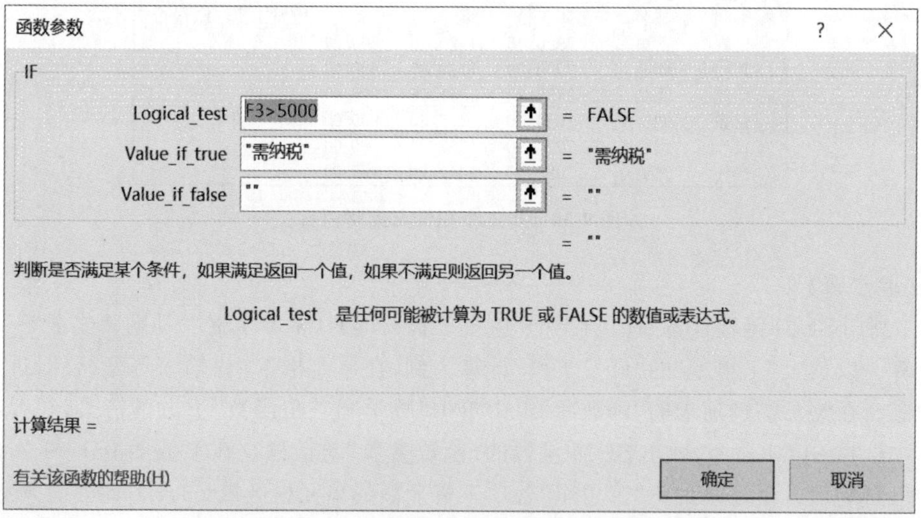

图 9-32　利用 IF 函数判断员工是否需要缴纳个税

(3) 设置单元格区域 C3:F8 的数值格式。首先选中单元格区域 C3:F8,在"开始"选项卡的"数字"组中单击右下角的对话框开启按钮,打开"设置单元格格式"对话框的"数字"选项卡。在左侧"分类"列表框中选择"数值"选项,将右侧"小数位数"设置为"2",完成数值格式的设置。然后切换到"对齐"选项卡,在"水平对齐"列表框中选择"居中"选项,完成对齐方式的设置。最后切换到"字体"选项卡,在"字形"列表框中选择"倾斜"选项,完成字形的设置。单击"确定"按钮实现上述所有的格式设置。

(4) 为单元格区域 A1:G8 设置边框。首先选中单元格区域 A1:G8,在"开始"选项卡的"字体"组中单击"下框线"按钮右侧的下拉箭头,在弹出的下拉菜单中选择"其他边框"命令,打开"设置单元格格式"对话框的"边框"选项卡。在选项卡中对选中范围的外边框进行设置,首先在"线条样式"列表中选中"双线"(右列最下方的线形),单击"外边框"按钮确定设置的内容。接下来设置内边框的"线条样式"为"最细虚线"(左列最上方的线形),单击"内边框"按钮确定设置的内容,最后单击"确定"按钮完成边框设置。单元格区域边框设置结果如图 9-33 所示。

	A	B	C	D	E	F	G
1	职工工资情况						
2	车间	姓名	基本工资	补贴	奖金	应发工资	缴税否
3	仪表	王勇军	2820.45	1420.40	500.00	4740.85	
4	焦化	李燕	2960.90	1380.80	696.00	5037.70	需纳税
5	焦化	陈利	2450.34	1361.06	320.00	4131.40	
6	仪表	刘恒文	3020.40	1476.80	900.00	5397.20	需纳税
7	仪表	程程	2938.50	1327.24	580.00	4845.74	
8	焦化	郑秀丽	2920.40	1417.20	260.00	4597.60	

图 9-33　单元格区域边框设置结果

(5) 选中需要插入饼图的关联数据单元格区域,即员工"程程"的"基本工资""补贴""奖金"对应的列名与单元格区域 C2:E2 及 C7:E7。在"插入"选项卡的"图表"组中单击"插入饼图或圆环图"按钮,在弹出的下拉菜单中选择"二维饼图"命令完成基本图表的插入。插入的基本饼图如图 9-34 所示。

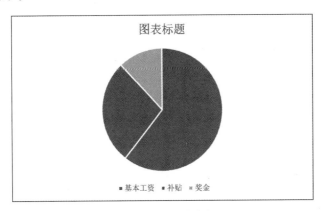

图 9-34　插入的基本饼图

接下来对图 9-34 中的基本图表进行编辑,以满足实验要求。首先选中图表区,在"图表工具-设计"选项卡的"图表样式"组中选择"样式 8",在"图表布局"组中单击"快速布局"按钮,在弹出的下拉菜单中选择"布局 1"。再单击数据标签,调出"设置数据标签格式"任务窗格,切换到"标签选项"选项卡。在"标签选项"选项卡下的"标签包括"选项中依次勾选"类别名称""百分比"复选框;在"数字"选项中选择"百分比"类别,小数位数设置为"2",即显示保留 2 位小数的百分比数字作为饼图中的数据系列标签。最后选中图表区中的标题文本框,在其中输入图表标题"程程工资"。饼图编辑结果如图 9-35 所示。

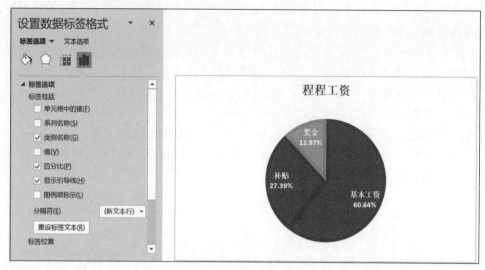

图 9-35 饼图编辑结果

(6) 选中单元格区域 A1:G8,右击,在弹出的快捷菜单中选择"复制"命令。单击 Sheet1 工作表标签右侧的"新工作表"按钮 ⊕,在其右侧插入新工作表 Sheet2。选中单元格 A1,在"开始"选项卡的"剪贴板"组中单击"粘贴"下方的箭头,在弹出的"粘贴"下拉菜单中选择"保留源格式"命令,完成单元格区域的复制、粘贴操作。

在 Sheet2 工作表标签上双击,此时工作表标签名称将进入可编辑状态,输入新的工作表名"工资统计"后按 Enter 键确认。

(7) 在工作表"工资统计"中建立分类汇总对各个车间的工资情况进行统计。为了按照不同的车间进行分类汇总,首先需要对工作表中的数据按照车间进行排序。这里选中"车间"字段范围 A3:A8 中的任意一个单元格(如单元格 A5),在"数据"选项卡的"排序和筛选"组中单击"升序"按钮 ,对工作表中的数据按照"车间"字段的内容升序排序,如图 9-36 所示。

	A	B	C	D	E	F	G
1	职工工资情况						
2	车间	姓名	基本工资	补贴	奖金	应发工资	缴税否
3	焦化	李燕	2960.90	1380.80	696.00	5037.70	需纳税
4	焦化	陈利	2450.34	1361.06	320.00	4131.40	
5	焦化	郑秀丽	2920.40	1417.20	260.00	4597.60	
6	仪表	王勇军	2820.45	1420.40	500.00	4740.85	
7	仪表	刘恒文	3020.40	1476.80	900.00	5397.20	需纳税
8	仪表	程程	2938.50	1327.24	580.00	4845.74	

图 9-36 按照"车间"字段的内容升序排序

接下来完成数据的汇总操作。单击单元格区域 A2:G8 中的任意一个单元格(如单元格 C3),在"数据"选项卡的"分级显示"组中单击"分类汇总"按钮,弹出"分类汇总"对话框。在"分类字段"下拉列表框中选择分类字段,此处选择"车间"选项。在"汇总方式"下拉列表框中选择汇总方式,此处选择"求和"选项,即对每个车间员工工资进行总计求和。在"选定汇总项"下拉列表框中选择汇总字段,此处勾选"奖金"和"应发工资"复选框,统计每个车间员工"奖金"和"应发工资"之和,如图 9-37 所示。

单击"确定"按钮,完成数据分类汇总分析,工作表分类汇总结果如图 9-38 所示。

图 9-37　在"分类汇总"对话框中对分类汇总参数进行设置

图 9-38　工作表分类汇总结果

9.4　产品销售信息统计

【实验要求】

销售部需要对 2022 年的产品销售情况进行统计分析,以便制订新一年的销售计划。完成如下操作:

(1) 新建一个空白的工作簿文档,将该文档以"产品销售信息.xlsx"为文件名保存在本章实验素材文件夹下。

(2) 将以制表符分隔的文本文件"产品销售表"自单元格 A1 开始导入 Sheet1 工作表中,并将该工作表标签颜色设置为"红色(标准色)"。

(3) 在 Sheet1 工作表数据区域的右侧增加一列,在单元格 P1 中输入"总销售量"作为列名并计算每月的总销售量。在 Sheet1 工作表数据区域的底部增加一行,在单元格 A14 中输入"平均"作为行名并计算每种产品全年平均月销售量(保留 2 位小数)。

(4) 在 Sheet1 工作表"总销售量"列的右侧增加一列,在单元格 Q1 中输入"销量超过 85 的产品数"作为列名,统计每个月销售量超过 85 的产品总数并填入该列相应的单元格。

(5)将 Sheet1 工作表套用表格格式"橙色,表样式中等深浅 10"。

(6)将 Sheet1 工作表的单元格区域 A1:P13 的数值及格式复制到 Sheet2 工作表,对 Sheet2 工作表中的内容进行自动筛选,要求筛选出"产品一"销量小于 95,且总销量大于 1150 的销售数据。

(7)在 Sheet2 工作表后添加 Sheet3 工作表,将 Sheet1 工作表中单元格区域 A1:A15 及 P3:P15 的单元格内容复制到 Sheet3 工作表。

(8)将 Sheet3 工作表中的内容先按照总销量大小降序排序,再按照自定义序列"一月,二月,……,十二月"次序排序。

(9)将 Sheet3 工作表中的数据绘制二维簇状柱形图,其中"月份"为水平轴标签,"总销售量"为图例项,要求添加对数趋势线(红色实线)。

【实验素材】

产品销售表.txt

产品销售素材内容如图 9-39 所示。

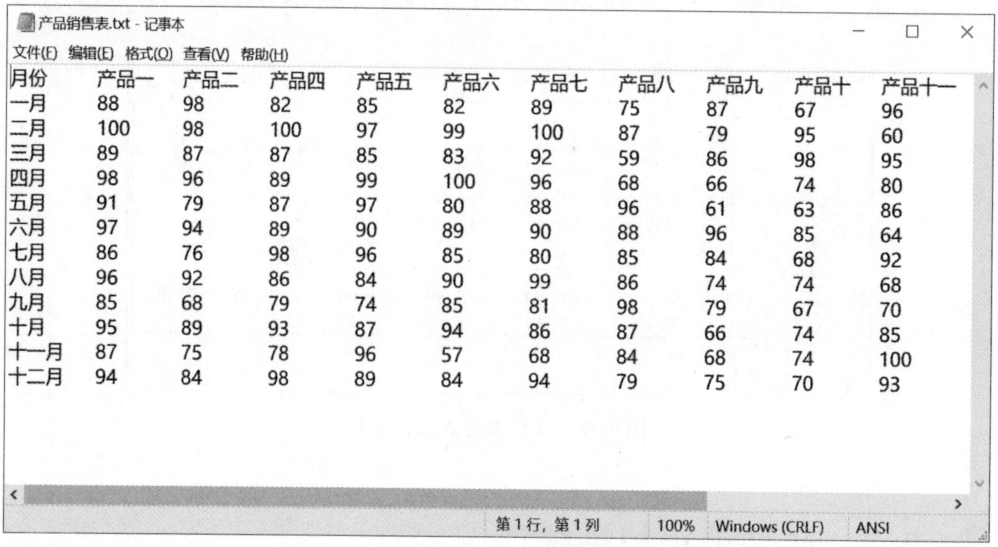

图 9-39 产品销售素材内容(以记事本方式打开)

【实验步骤】

(1)启动 Excel 2016,在 Excel 窗口右侧单击"空白工作簿"按钮,即创建一个空白的工作簿文档。单击"快速访问工具栏"中的"保存"按钮或按 Ctrl+S 组合键保存文件,在"另存为"对话框中选择保存位置为本节实验素材文件夹,输入文件名为"产品销售信息.xlsx",单击"保存"按钮。

(2)选中单元格 A1,在"数据"选项卡的"获取外部数据"组中单击"自文本"按钮,弹出"导入文本文件"对话框。在对话框中选择要导入的文本文件,这里选择"产品销售表.txt"文件,单击"导入"按钮,弹出"文本导入向导-第 1 步,共 3 步"对话框,系统会自动判断数据中是否具有分隔符,单击"下一步"按钮。在弹出的"文本导入向导-第 2 步,共 3 步"对话框中设置分隔数据所包含的分隔符号,这里勾选"Tab 键"复选框,单击"完成"按钮,在弹出的"导入数据"对话框中输入导入的开始位置,单击"确定"按钮完成导入。在 Excel 中完成文本文件的导入结果如图 9-40 所示。

实验9 利用Excel处理表格数据

	A	B	C	D	E	F	G	H	I	J	K	L	M	N	O
1	月份	产品一	产品二	产品四	产品五	产品六	产品七	产品八	产品九	产品十	产品十一	产品十二	产品十三	产品十四	产品十五
2	一月	88	98	82	85	82	89	75	87	67	96	98	75	63	95
3	二月	100	98	100	97	99	100	87	79	95	60	63	94	70	88
4	三月	89	87	87	85	83	92	59	86	98	95	89	90	100	82
5	四月	98	96	89	99	100	96	68	66	74	80	72	65	65	94
6	五月	91	79	87	97	80	88	96	61	63	86	77	96	71	67
7	六月	97	94	89	90	89	90	88	96	85	64	78	87	94	72
8	七月	86	76	88	80	85	85	84	68	92	73	61	60	61	61
9	八月	96	92	86	84	90	99	86	74	74	68	79	86	86	69
10	九月	85	68	79	74	85	81	98	79	67	70	67	90	64	90
11	十月	95	89	93	87	94	86	87	66	74	85	66	75	80	61
12	十一月	87	75	78	96	57	80	84	68	74	100	85	73	87	97
13	十二月	94	84	98	89	84	94	79	75	70	93	71	68	61	76

图 9-40　在 Excel 中完成文本文件的导入结果

在 Sheet1 工作表标签上右击，在弹出的快捷菜单中选择"工作表标签颜色"命令，在弹出的级联菜单中选择标准色中的"红色"。

（3）在单元格 A14 中输入行标题"平均"，使用 AVERAGE 函数统计每类产品全年平均月销售量。以"产品一"的全年平均月销售量计算为例，在单元格 B14 内输入等号"="，进入公式编辑状态。在"公式"选项卡的"函数库"组中单击"其他函数"下方的箭头，在弹出的下拉菜单中选择"统计"→AVERAGE 命令，弹出 AVERAGE 函数的"函数参数"对话框。在参数 Number1 右侧的输入框中输入求平均值的单元格范围，单击"确定"按钮完成平均值统计计算，如图 9-41 所示。利用填充柄将 B14 中的公式复制到 O14，计算每类产品的月平均销量。

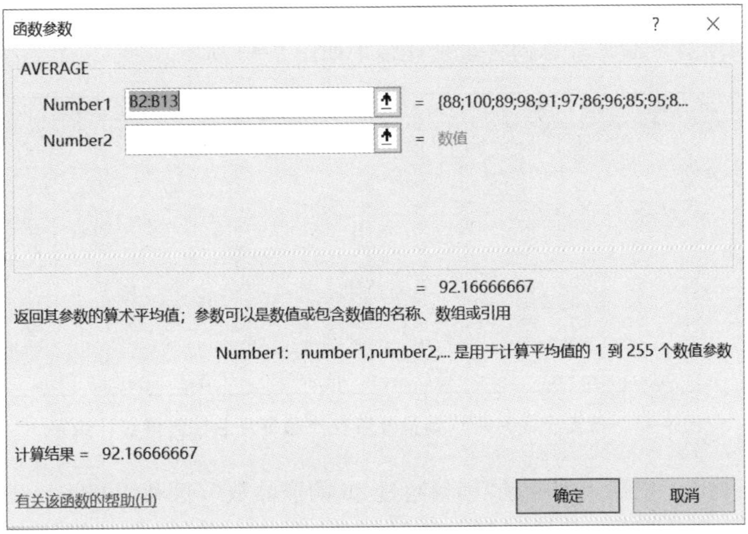

图 9-41　利用 AVERAGE 函数统计各类产品的月平均销量

实验要求将产品月平均销量统计结果精确到小数点后 2 位，因此需要对平均销量统计结果对应的单元格区域 B14:O14 进行数值格式设置。首先选中单元格区域 B14:O14，在"开始"选项卡的"数字"组中单击右下角的对话框开启按钮，打开"设置单元格格式"对话框的"数字"选项卡，在"分类"列表框中选择"数值"类型，将右侧的"小数位数"设置为"2"，即保留 2 位小数，单击"确定"按钮完成设置。

接下来在单元格 P1 中输入列标题"总销售量"，使用 SUM 函数对每月所有产品的总销售量进行统计。以"一月"的总销售量统计为例，在单元格 P2 中输入等号"="，进入公式编辑状态。在"公式"选项卡的"函数库"组中单击"数学和三角函数"下方的箭头,在弹出的下拉菜单中选择 SUM 命令,弹出 SUM 函数的"函数参数"对话框,在参数 Number1 右侧的输入框中输入待求和的单元格范围,如图 9-42 所示。单击"确定"按钮完成求和统计计算。

图 9-42 利用 SUM 函数统计每月所有商品销量之和

利用填充柄将 P2 中的公式和函数复制到 P13,计算每月所有产品的月销量之和。各类产品月平均销量及所有产品每月总销售量统计结果如图 9-43 所示。

	A	B	C	D	E	F	G	H	I	J	K	L	M	N	O	P
1	月份	产品一	产品二	产品三	产品四	产品五	产品六	产品七	产品八	产品九	产品十	产品十一	产品十二	产品十三	产品十四	产品十五	总销售量
2	一月	88	98	82	85	82	89	75	87	67	96	98	75	63	95	1180
3	二月	100	98	100	97	99	100	87	79	95	60	63	94	70	88	1230
4	三月	89	87	87	85	83	96	98	95	89	90	100	82	1222
5	四月	98	96	89	99	100	96	68	66	74	80	72	65	65	94	1162
6	五月	91	79	87	97	80	88	96	61	63	86	77	96	71	67	1139
7	六月	97	94	89	97	98	96	85	64	78	87	94	72	1213
8	七月	86	76	98	96	85	80	85	84	92	73	61	60	61	1105
9	八月	96	92	86	84	90	99	86	74	74	68	79	98	86	69	1181
10	九月	85	68	79	74	85	91	98	79	67	70	67	90	64	90	1097
11	十月	95	89	87	94	86	87	66	74	85	76	75	80	61	1138
12	十一月	87	75	78	96	57	68	84	68	74	100	85	73	87	97	1129
13	十二月	94	84	98	89	87	75	70	93	71	68	61	76	1136
14	平均	92.17	86.33	88.83	89.92	85.67	88.58	82.67	76.75	75.75	82.42	76.50	81.00	75.08	79.33	

图 9-43 各类产品月平均销量及所有产品每月总销售量统计结果

(4) 在单元格 Q1 中输入列标题"销量超过 85 的产品数",再利用 COUNTIF 函数统计每月销量超过 85 的产品个数。以"一月"中销量超过 85 的产品个数统计为例,在单元格 Q2 内输入等号"=",进入公式编辑状态。在"公式"选项卡的"函数库"组中单击"数学和三角函数"下方的箭头,在弹出的下拉菜单中选择"统计"→COUNTIF 命令,弹出 COUNTIF 函数的"函数参数"对话框。在参数 Range 右侧的输入框中选择进行计数条件判断的单元格区域,此处单击输入框右侧的选择按钮,选中存放"一月"各产品销量信息的单元格区域 B2:O2;在参数 Criteria 右侧的输入框中输入计数条件">85",即对销量大于 85 的产品数量进行统计。利用 COUNTIF 函数统计每月销量超过 85 的产品个数如图 9-44 所示。完成上述设置后单击"确定"按钮。

利用填充柄将 Q2 中的公式复制到 Q13,计算每月销量超过 85 的产品个数,每月销量大于 85 的产品个数统计结果如图 9-45 所示。

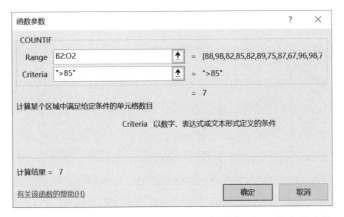

图 9-44　利用 COUNTIF 函数统计每月销量超过 85 的产品个数

	A	B	C	D	E	F	G	H	I	J	K	L	M	N	O	P	Q
1	月份	产品一	产品二	产品三	产品四	产品五	产品六	产品七	产品八	产品九	产品十	产品十一	产品十二	产品十三	产品十四	产品十五	总销售量	销量超过85的产品数
2	一月	88	98	82	85	82	89	75	87	67	96	98	75	63	95	1180	7
3	二月	100	98	100	97	99	100	87	79	95	60	63	94	70	88	1230	10
4	三月	89	87	87	85	83	92	59	86	98	85	89	90	100	82	1222	10
5	四月	98	96	89	99	100	96	68	66	74	80	72	65	65	94	1162	10
6	五月	91	79	87	97	80	89	96	61	63	86	77	96	71	67	1139	7
7	六月	97	94	89	90	89	90	88	96	85	64	78	87	94	72	1213	10
8	七月	86	76	98	96	85	85	84	68	92	73	61	60	61	1105	4
9	八月	96	92	86	84	90	86	74	74	68	79	98	90	66	69	1181	8
10	九月	85	68	79	74	85	81	98	79	67	70	67	90	64	90	1097	3
11	十月	95	89	93	87	94	86	87	66	85	66	75	80	61	1138	7
12	十一月	87	75	78	96	57	68	74	100	85	79	87	97	1129	5
13	十二月	94	84	98	89	84	79	75	90	93	71	68	61	76	1136	5
14	平均	92.17	86.33	88.83	89.92	85.67	88.58	82.67	76.75	75.75	82.42	76.50	81.00	75.08	79.33		

图 9-45　每月销量超过 85 的产品个数统计结果

（5）接下来完成表格的格式套用。首先选中 Sheet1 工作表的单元格区域 A1:Q14，在"开始"选项卡的"样式"组中单击"套用表格样式"按钮，在弹出的表格样式列表中选择"橙色，表样式中等深浅 10"，弹出"套用表格式"对话框。在"表数据的来源"下方的数据框中确定其中的单元格区域为 A1:Q14，并勾选"表包含标题"复选框，完成表格格式的设置操作，如图 9-46 所示，单击"确定"按钮完成表格格式的设置。

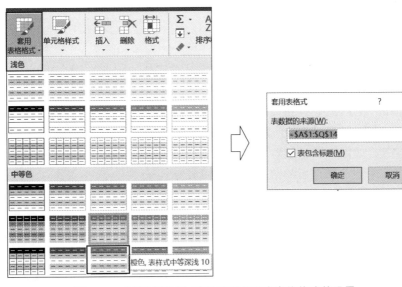

图 9-46　在"套用表格式"对话框中完成表格格式的设置

完成表格格式套用后，工作表 Sheet1 的单元格区域 A1:Q14 的格式如图 9-47 所示。

	A	B	C	D	E	F	G	H	I	J	K	L	M	N	O	P	Q
1	月份	产品一	产品二	产品三	产品四	产品五	产品六	产品七	产品八	产品九	产品十	产品十一	产品十二	产品十三	产品十四	产品十五	总销售量	销量超过8
2	一月	88	98	82	85	82	89	75	87	67	96	98	75	63	95	1180	7
3	二月	100	98	100	97	99	100	87	79	95	60	63	94	70	88	1230	10
4	三月	89	87	87	85	83	92	59	86	98	95	89	90	100	82	1222	10
5	四月	98	96	89	99	100	96	68	66	74	80	72	65	65	94	1162	7
6	五月	91	79	87	97	80	88	61	63	86	77	96	71	67	1139	7
7	六月	97	94	89	90	89	90	88	96	85	64	78	87	94	72	1213	10
8	七月	86	76	98	76	85	80	85	84	68	92	73	61	60	61	1105	4
9	八月	96	92	86	84	90	99	86	74	74	68	79	98	86	69	1181	8
10	九月	85	68	79	74	98	86	87	98	79	67	70	90	64	90	1097	3
11	十月	95	89	93	87	94	86	87	66	74	85	66	75	80	61	1138	7
12	十一月	87	75	78	96	57	68	84	68	74	100	85	73	87	97	1129	5
13	十二月	94	84	98	89	84	94	79	70	93	71	68	61	76	1136	5
14	平均	92.17	86.33	88.83	89.92	85.67	88.58	82.67	76.75	75.75	82.42	76.50	81.00	75.08	79.33		

图 9-47　表格格式套用后，工作表 Sheet1 的单元格区域 A1:Q14 的格式

（6）将 Sheet1 工作表的单元格区域 A1:P13 的数值及格式复制到 Sheet2 工作表中。首先选中 Sheet1 工作表的单元格区域 A1:P13，右击，在弹出的快捷菜单中选择"复制"命令。单击 Sheet1 工作表标签右侧的"新工作表"按钮，在其右侧插入新工作表 Sheet2，选中单元格 A1，在"开始"选项卡的"剪贴板"组中单击"粘贴"按钮下方的箭头，在弹出的"粘贴"下拉菜单中选择"保留源格式"命令，完成工作表单元格区域的复制、粘贴。工作表单元格区域复制、粘贴结果如图 9-48 所示。

	A	B	C	D	E	F	G	H	I	J	K	L	M	N	O	P
1	月份	产品一	产品二	产品三	产品四	产品五	产品六	产品七	产品八	产品九	产品十	产品十一	产品十二	产品十三	产品十四	产品十五	总销售量
2	一月	88	98	82	85	82	89	75	87	67	96	98	75	63	95	1180
3	二月	100	98	100	97	99	100	87	79	95	60	63	94	70	88	1230
4	三月	89	87	87	85	83	92	59	86	98	95	89	90	100	82	1222
5	四月	98	96	89	99	100	96	68	66	74	80	72	65	65	94	1162
6	五月	91	79	87	97	80	88	61	63	86	77	96	71	67	1139
7	六月	97	94	89	90	89	90	88	96	85	64	78	87	94	72	1213
8	七月	86	76	98	76	85	80	85	84	68	92	73	61	60	61	1105
9	八月	96	92	86	84	90	99	86	74	74	68	79	98	86	69	1181
10	九月	85	68	79	74	98	86	87	98	79	67	70	90	64	90	1097
11	十月	95	89	93	87	94	86	87	66	74	85	66	75	80	61	1138
12	十一月	87	75	78	96	57	68	84	68	74	100	85	73	87	97	1129
13	十二月	94	84	98	89	84	94	79	70	93	71	68	61	76	1136

图 9-48　工作表单元格区域复制、粘贴结果

接下来完成对 Sheet2 工作表中内容的自动筛选。首先选中 Sheet2 工作表的单元格区域 A1:P13 内的任意一个单元格，这里选中单元格 H6。在"数据"选项卡的"排序和筛选"组中单击"筛选"按钮，或者在"开始"选项卡的"编辑"组中选择"排序和筛选"下拉菜单中的"筛选"命令，让单元格区域 A1:P13 进入自动筛选状态，此时在每列的列名右侧会出现一个筛选箭头。根据"产品一"列的销量信息进行筛选，单击"产品一"列标题旁的筛选箭头，弹出"筛选器选择"对话框，单击"数字筛选"按钮，在弹出的级联菜单中选择"小于"命令，弹出"自定义自动筛选方式"对话框，在"产品一"中"小于"右侧的输入框中输入"95"，表示对"产品一"销量小于 95 的数据进行筛选，如图 9-49 所示。单击"确定"按钮完成关于"产品一"销量数据的筛选。对"产品一"销售信息进行筛选后的结果如图 9-50 所示。

然后在图 9-50 结果的基础上根据"总销售量"列的销量信息进行再次筛选。单击"总销售量"列标题旁的筛选箭头，弹出"筛选器选择"对话框，单击"数字筛选"按钮，在弹出的级联菜单列表中选择"大于"命令，弹出"自定义自动筛选方式"对话框，在"总销售量"中"大于"右侧的输入框中输入"1150"，表示对"总销售量"大于 1150 的数据进行筛选，如图 9-51 所示。单击"确定"按钮完成关于"总销售量"数据的筛选，得到自动筛选最终结果如图 9-52 所示。

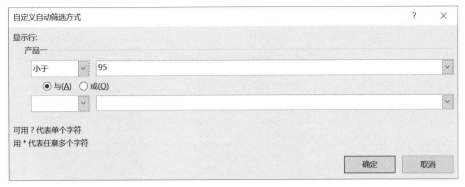

图 9-49 对"产品一"销量小于 95 的数据进行筛选

图 9-50 对"产品一"销售信息进行筛选后的结果

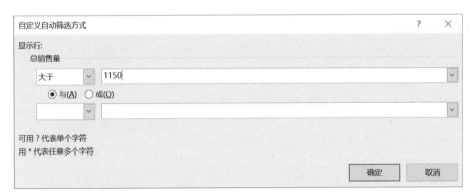

图 9-51 对"总销售量"大于 1150 的数据进行筛选

图 9-52 自动筛选最终结果

（7）在工作簿中新增一个工作表 Sheet3。单击 Sheet2 工作表标签右侧的"新工作表"按钮 ⊕ ，在其右侧插入新工作表 Sheet3。再通过工作表标签切换至 Sheet1 工作表，同时选中单元格区域 A1：A13 及 P1：P13，右击，在弹出的快捷菜单中选择"复制"命令。再次通过工作表标签切换至 Sheet3 工作表中，选择单元格 A1 作为粘贴的起始单元格，在"开始"选项卡的"剪贴板"组中单击"粘贴"按钮下方的箭头，在弹出的"粘贴"选项列表中选择"值和源格式"命令，完成工作表单元格区域的复制、粘贴。单元格区域复制结果如图 9-53 所示。

（8）对 Sheet3 工作表中的内容先按照总销量大小降序排序。选择"总销售量"列的单元格区域 B1：B13 中的任意一个单元格，这里选择单元格 B2。在"数据"选项卡的"排序和筛选"

组中单击"降序"按钮,即可根据每月的"总销售量"大小进行降序排序,"总销售量"降序排序结果如图 9-54 所示。

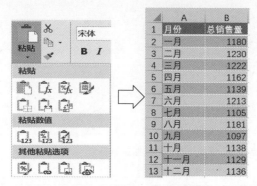

图 9-53　单元格区域复制结果　　　　图 9-54　"总销售量"降序排序结果

接下来再按照自定义序列"一月,二月,……,十二月"的次序排序。选择单元格区域 A1:B13 中的任意一个单元格,如单元格 B6,在"数据"选项卡"排序和筛选"组中单击"排序"按钮,或者在"开始"选项卡的"编辑"组中选择"排序和筛选"下拉菜单中的"自定义排序"命令,在弹出的"排序"对话框中进行排序设置,如图 9-55 所示。

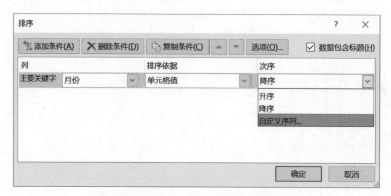

图 9-55　在"排序"对话框中进行排序设置

在"主要关键字"下拉列表框中选择"月份"选项作为排序条件,在"排序依据"下拉列表框中选择"单元格值"选项,在"次序"下拉列表框中选择"自定义序列"选项,弹出"自定义序列"对话框。在此对话框中选择序列"一月,二月,……,十二月"作为排序依据,单击"确定"按钮完成设置,在"自定义序列"对话框中选择自定义序列操作如图 9-56 所示。

回到"排序"对话框,单击"确定"按钮完成自定义排序,得到与图 9-53 中右侧单元格区域一样的排序结果。

(9)在 Sheet3 工作表中插入二维簇状柱形图。首先选择图表关联数据单元格区域 A1:B13,在"插入"选项卡的"图表"组中单击"插入柱状图或条形图"按钮,在弹出的下拉菜单中选择"簇状柱形图"命令完成基本图表的插入,再将"布局 3"应用到该图表中。选中基本图表,在"图表工具-设计"选项卡的"图表布局"组中单击"快速布局"下拉按钮,在弹出的下拉菜单中选择"布局 3"应用到该图表中。图中水平轴标签为"月份",图例为"总销售量"。插入基本二维簇状柱形图如图 9-57 所示。

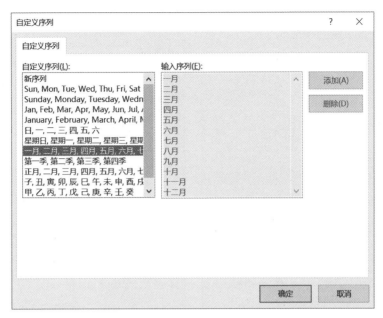

图 9-56　在"自定义序列"对话框中选择自定义序列操作

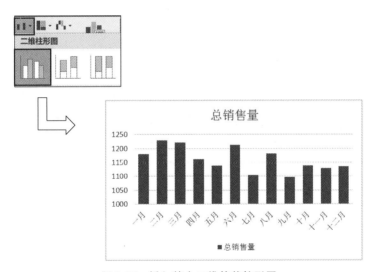

图 9-57　插入基本二维簇状柱形图

接下来为柱形图添加趋势线。单击柱状图形,选中对应的数据系列,右击,在弹出的快捷菜单中选择"添加趋势线"命令,打开"设置趋势线格式"任务窗格。在"趋势线选项"选项卡下,选择"趋势线选项"下的"对数"单选按钮;切换到"填充与线条"选项卡,选择"线条"下的"实线"单选按钮,设置线条类型为"实线",颜色为"红色",宽度为"2磅",短画线类型为"实线",如图 9-58 所示。

单击"关闭"按钮完成趋势线的添加,调整柱形图的大小使其更加美观。二维簇状柱形图趋势线添加结果如图 9-59 所示。

图 9-58　在"设置趋势线格式"窗格中设置趋势线

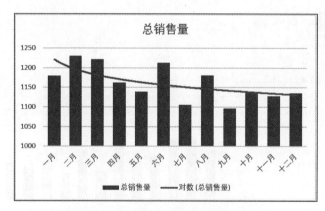

图 9-59　二维簇状柱形图趋势线添加结果

利用Excel进行数据分析

【实验目的】

数据分析是大数据分析的核心步骤,是从数据中提取有用信息、发现模式、做出推断并做出决策的过程。本实验将通过几个代表案例介绍利用 Excel 2016 相关工具模块进行数据分析的方法,达到以下目的:

(1) 掌握数据分析的基本概念和主要思路。
(2) 掌握利用 Excel 完成描述性统计分析的方法。
(3) 掌握利用 Excel 完成投资决策分析的方法。
(4) 掌握利用 Excel 完成时间序列预测分析的方法。
(5) 掌握利用 Excel 完成相关与回归分析的方法。
(6) 通过本实验完成各类数据分析,形成具有参考价值的结果以供决策和发布。

【实验环境】

Windows 10 中文旗舰版,Excel 2016。

【实验内容】

(1) 使用 Excel 完成数据的描述性统计分析。
(2) 使用 Excel 完成贷款还款分析。
(3) 使用 Excel 完成投资决策分析。
(4) 使用 Excel 完成期货产品时间序列预测分析。
(5) 使用 Excel 完成一元线性回归分析。
(6) 使用 Excel 完成多元线性回归分析。

 ## 10.1 班级考试成绩分析

【实验要求】

打开素材文件"计算机基础期末成绩.xlsx",工作表"注会专业"中记录了注会 1 班和注会 2 班的计算机基础期末考试成绩。现需要根据该成绩进行数据分析,完成下列操作:

1. 对各班成绩进行频数分析,以优秀(≥90)、良好(≥80)、中等(≥70)、及格(≥60)、不及格(<60)为等级区段统计各个区段内的人数,并根据结果绘制相应的直方图。

2. 对各班成绩进行比较,分析哪个班的整体成绩更好,哪个班成绩均衡性更好。

【实验素材】

计算机基础期末成绩.xlsx

计算机基础期末成绩素材内容如图 10-1 所示。

	A	B	C				
1					17	92.7	80
2		注会1班	注会2班		18	67.8	85.3
3		88.3	76.2		19	84.3	83.2
4		87.8	82.9		20	81.2	79.4
5		88.1	69.6		21	92	76.6
6		77.6	69.8		22	91.3	77
7		89.3	84.4		23	78.1	87.2
8		90	75.8		24	84.7	77.3
9		89.5	83.6		25	81.3	83.5
10		88.2	82.7		26	92.1	89
11		84	82.9		27	89.6	83.2
12		91	72.4		28	95.1	80.2
13		91	82.3		29	59.2	72.3
14		55.9	86		30	80.3	86.9
15		82.8	88.1		31	84.3	86.5
16		64.2	72.9		32	83.8	83.6
					33	86.1	79.5

图 10-1 计算机基础期末成绩素材内容

【实验步骤】

1. 完成实验要求 1。

(1) 打开工作表"注会专业",首先在 E 列中构建学生成绩等级区段标准,学生成绩等级区段标准如图 10-2 所示。即 0~59.9 分为不及格区段,60~69.9 分为及格区段,70~79.9 分为中等区段,80~89.9 分为良好区段,90 分以上为优秀区段。

(2) 对注会 1 班的成绩进行频数分析。在"数据"选项卡的"分析"组中单击"数据分析"按钮,弹出"数据分析"对话框,在"分析工具"列表框中选择"直方图"选项,单击右侧的"确定"按钮,弹出"直方图"对话框,"直方图"对话框如图 10-3 所示。

E
成绩评价
59.9
69.9
79.9
89.9

图 10-2 学生成绩等级区段标准　　图 10-3 "直方图"对话框

在"直方图"对话框中进行如下参数设置:

- 在"输入区域"中设置要进行频数分析的原始数据,这里记录了注会 1 班考试成绩的单元格区域 B2:B33。
- 在"接收区域"中设置数据分组标准区域,这里输入 E 列中构建的数据分组标准单元格区域 E2:E6。

- 勾选"标志"复选框,表明"输入区域"和"接收区域"内的第一行均为标题而非数据。
- 在"输出选项"中设置频数分析结果的输出位置,这里选择将结果放置于同一工作表内以单元格 H2 为顶点的范围内。
- 勾选"图表输出"复选框,以便根据分析结果绘制直方图。

(3) 设置完成后,单击"确定"按钮对注会1班的成绩进行频数分析,得到的结果显示在单元格区域 H1:I7 内,注会1班成绩频数统计结果如图 10-4 所示。由图 10-4 的统计结果可知,注会1班各成绩区间内的人数分别为 2 人、2 人、2 人、17 人和 8 人,这里修改单元格区域 H3:H7 内的区间名称使其更加明确,如图 10-4 所示。此外,由分析结果得到的直方图也将显示在工作表中,对图表进行适当的编辑,使其更加简洁美观,得到注会1班成绩统计直方图,如图 10-5 所示。由图 10-5 可知,注会1班的考试成绩主要分布在 80~90 分,占总人数的一半以上。

图 10-4　注会1班成绩频数统计结果

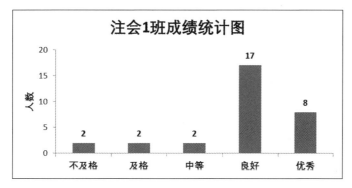

图 10-5　注会1班成绩统计直方图

(4) 使用类似的操作方式完成注会2班的成绩频数统计,并将统计结果放置于以单元格 H9 为顶点的区域内,同时生成频数统计直方图。注会2班成绩频数统计结果及成绩统计直方图如图 10-6 所示。由结果可知,注会2班的考试成绩主要分布在 70~90 分,不及格与优秀人数均为 0。

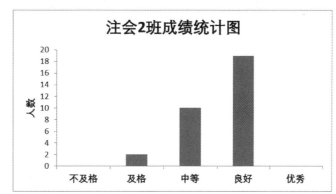

图 10-6　注会2班成绩频数统计结果及成绩统计直方图

2. 完成实验要求 2。

(1) 为了比较各班整体成绩水平的优劣,首先对工作表"注会专业"中的成绩进行集中度分析,确定各班成绩的平均数、众数和中位数,并统计四分位数的值。其中四分位数是指一组数据排序后处于 25% 和 75% 位置上的值,各班人数为 31 人,那么四分位数就是排名第 8 位和倒数第 8 位的考试成绩。

(2) 在"数据"选项卡的"分析"组中单击"数据分析"按钮,弹出"数据分析"对话框,在"分析工具"列表框中选择"描述统计"选项,单击右侧的"确定"按钮,弹出"描述统计"对话框,如图 10-7 所示。

在"描述统计"对话框中进行如下参数设置:

- 在"输入区域"中设置要进行描述性统计分析的数据,这里选择两个班成绩数据对应的单元格区域 B2:C33。选择分组方式为"逐列",即每一列构成一组变量数据。勾选"标志位于第一行"复选框,表明单元格区域内每一列第一行为标题而非数据。
- 在"输出选项"中设置结果输出的位置和内容,这里选择将分析结果显示在名为"描述统计"的新工作表组中,勾选"汇总统计"复选框,以便显示描述性统计结果,勾选"第 K 大值"和"第 K 小值"复选框,并相应地在输入框中输入 8,统计各班成绩的四分位数,即第 8 名与倒数第 8 名的成绩。

(3) 设置完成后,单击"确定"按钮完成描述性统计计算,结果将显示在工作表"描述统计"中。各班考试成绩描述性分析结果如图 10-8 所示。由图 10-8 可知,从集中趋势度量指标结果看,注会 1 班的整体成绩明显优于注会 2 班,其成绩平均数、中位数、四分位数均高于注会 2 班的相应结果(由于数据量不大,因此众数的参考意义不明显),这也与图 10-5 和图 10-6 中显示的频数统计结果相符。

图 10-7 "描述统计"对话框   图 10-8 各班考试成绩描述性分析结果

(4) 通过成绩的离中趋势分析结果判断各班内部成绩优劣差距大小。图 10-8 的描述性统计结果中包含了各班离散趋势指标的取值。首先根据极差统计结果可以看出,注会 2 班虽然整体成绩不如注会 1 班,但班内成绩差距更小,最高分与最低分相差 19.4 分(注会 1 班为 39.2 分)。同时从方差与标准差统计结果来看,注会 2 班成绩的离散度明显小于注会 1 班,表明班内考试成绩分布更加集中。从上述分析的结果来看,各班存在不同的问题,其中注会 1 班需要关注班级成绩的整体均衡性,缩小优等生与差等生之间的差距,以免落后的同学被越拉越远,而注会2班需要采取措施以提高班级的整体成绩。

10.2 购房贷款方案分析

【实验要求】

小徐准备购置一套价值120万元的房产,其中首付三成,其余七成向银行贷款,现在银行提供了两套商业贷款方案供小徐选择:

方案一:贷款期限20年,年利率6%。

方案二:贷款期限30年,年利率6.6%。

现需要根据上述信息构建Excel素材工作表,完成下列分析:

1. 小徐目前每月能够承担的最大还款金额为6000元,请分析他应该选择哪种贷款方案。
2. 若小徐采用贷款方案一,并每月支付还款金额7000元,请分析他需要多少年还清所有贷款。

【实验素材】

无

【实验步骤】

1. 完成实验要求1。

(1) 在工作簿"购房贷款方案分析.xlsx"中构建工作表"方案一还款分析",在单元格区域B2:C6中输入贷款还款分析的计算参数。在单元格区域C2:C4中输入各参数初始值:

- 在单元格C2中输入还款金额(PV)值840 000元,即120万元的70%。
- 在单元格C3中输入方案一的贷款月利率0.5%,即年利率6%的1/12。
- 在单元格C4中输入方案一的还款期数240,即20年共240个月。

(2) 使用PMT函数计算方案一的每期应还款金额,在单元格C6内构建公式:

=PMT(C3,C4,C2)

计算完成后得到方案一的每期还款金额为-6018.02元,即需要每月向银行支付6018.02元,方案一还款金额计算过程及结果如图10-9所示。

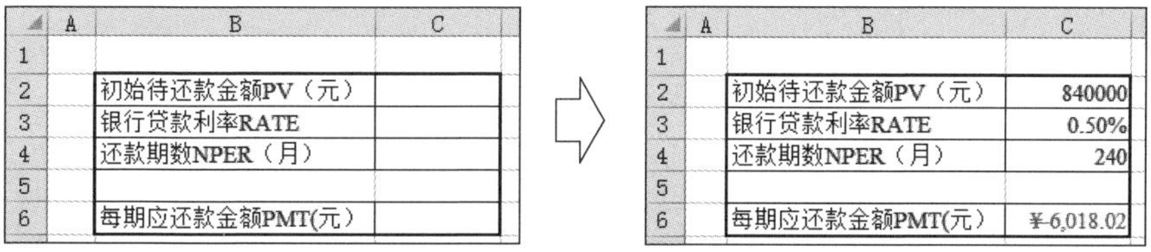

图10-9 方案一还款金额计算过程及结果

(3) 对方案二进行还款分析,构建工作表"方案二还款分析"。在单元格区域C2:C4中输入类似的初始参数,其中贷款月利率为0.55%,即年利率6.6%的1/12,还款期数为360,即30年共360个月。

(4) 利用PMT函数构建同样的公式在单元格C6中计算每月应还款金额,得到方案二每期还款金额为-5364.73元,即需要每月向银行支付5364.73元,方案二还款金额计算过程及结果如图10-10所示。对比图10-9与图10-10可知,由于还款期数更长,方案二每月还款金额小于方案一,但考虑方案一的每月应还款金额超出了小徐每月能够承担的最大还款金额,因此方案二实际上是唯一的可选方案。那么,如果没有最大还款金额的限制,应选择哪一种方案呢？此时可以分析每种方案的各期还款本金与还款利息，并计算各个方案的总还款额，根据总还款额的大小判断哪种方案更优。

	A	B	C
1			
2		初始待还款金额PV（元）	
3		银行贷款利率RATE	
4		还款期数NPER（月）	
5			
6		每期应还款金额PMT(元）	

⇨

	A	B	C
1			
2		初始待还款金额PV（元）	840000
3		银行贷款利率RATE	0.55%
4		还款期数NPER（月）	360
5			
6		每期应还款金额PMT(元）	¥-5,364.73

图 10-10　方案二还款金额计算过程及结果

（5）在工作表“方案一还款分析”的单元格区域 E2:I243 中构建关于贷款方案一的各月还款明细表，如图 10-11 所示。在单元格 F3 内填入初始的贷款余额 840 000 元。接下来利用 PPMT 函数在 G 列中计算各期的还款本金，在单元格 G3 内构建公式：

＝PPMT(＄C＄3,E3,＄C＄4,＄C＄2)

E	F	G	H	I
各月还款明细表				
期数	贷款余额	还款本金	还款利息	还款额
1	¥840,000.00			
2				
3				
4				
24				
48				
72				
96				
120				
144				
168				
192				
216				
240				
241				

图 10-11　构建贷款方案一各月还款明细表

即利用待还款金额、月利率、还款总期数及当前期数等信息计算第一个月的还款本金值，输入单元格 G3 内。利用填充柄将单元格 G3 内的公式向下复制到单元格 G242，即可完成每期还款本金值的计算。随后利用 IPMT 函数在 H 列中计算各期的还款利息，在单元格 H3 内构建公式：

＝IPMT(＄C＄3,E3,＄C＄4,＄C＄2)

即同样利用待还款金额、月利率、还款总期数及当前期数等信息计算第一个月的还款利息值，输入单元格 H3 内。利用填充柄将单元格 H3 内的公式向下复制到单元格 H242，即可完成每期还款利息值的计算。各期的还款额由还款本金和利息相加得到，在单元格 I3 内构建公式：

＝G3＋H3

利用填充柄将单元格 I3 内的公式向下复制到单元格 I242，完成各期还款总额的计算。从第二个月开始，各期的贷款余额等于上期贷款余额和上期还款本金的和，在单元格 F4 内构建公式：

＝F3＋G3

利用填充柄将单元格 F3 内的公式向下复制到单元格 F243，完成各期贷款余额的计算。最后在单元格区域 G243:I243 内分别利用求和函数统计各列的合计值，可得到还款本金、还款利息及还款额的各期合计值。贷款方案一各月还款明细结果如图 10-12 所示。

期数	贷款余额	还款本金	还款利息	还款额
		各月还款明细表		
1	¥840,000.00	¥-1,818.02	¥-4,200.00	¥-6,018.02
2	¥838,181.98	¥-1,827.11	¥-4,190.91	¥-6,018.02
3	¥836,354.87	¥-1,836.25	¥-4,181.77	¥-6,018.02
4	¥834,518.62	¥-1,845.43	¥-4,172.59	¥-6,018.02
24	¥795,803.18	¥-2,039.00	¥-3,979.02	¥-6,018.02
48	¥743,947.30	¥-2,298.28	¥-3,719.74	¥-6,018.02
72	¥685,497.43	¥-2,590.53	¥-3,427.49	¥-6,018.02
96	¥619,615.09	¥-2,919.95	¥-3,098.08	¥-6,018.02
120	¥545,355.17	¥-3,291.25	¥-2,726.78	¥-6,018.02
144	¥461,652.37	¥-3,709.76	¥-2,308.26	¥-6,018.02
168	¥367,305.95	¥-4,181.49	¥-1,836.53	¥-6,018.02
192	¥260,962.45	¥-4,713.21	¥-1,304.81	¥-6,018.02
216	¥141,096.34	¥-5,312.54	¥-705.48	¥-6,018.02
240	¥5,988.08	¥-5,988.08	¥-29.94	¥-6,018.02
241	¥0.00	¥-840,000.00	¥-604,325.01	¥-1,444,325.01

图 10-12　贷款方案一各月还款明细结果

（6）在工作表"方案二还款分析"的单元格区域 E2:I363 中构建关于贷款方案二的各月还款明细表。使用类似的方法计算各期的贷款余额、还款本金、还款利息和还款额，并在最后一行统计还款本金、利息和还款额的总计值。贷款方案二各月还款明细结果如图 10-13 所示。

期数	贷款余额	还款本金	还款利息	还款额
		各月还款明细表		
1	¥840,000.00	¥-744.73	¥-4,620.00	¥-5,364.73
2	¥839,255.27	¥-748.83	¥-4,615.90	¥-5,364.73
3	¥838,506.44	¥-752.95	¥-4,611.79	¥-5,364.73
36	¥811,343.00	¥-902.35	¥-4,462.39	¥-5,364.73
72	¥775,527.80	¥-1,099.33	¥-4,265.40	¥-5,364.73
108	¥731,894.09	¥-1,339.32	¥-4,025.42	¥-5,364.73
144	¥678,735.09	¥-1,631.69	¥-3,733.04	¥-5,364.73
180	¥613,971.41	¥-1,987.89	¥-3,376.84	¥-5,364.73
216	¥535,069.74	¥-2,421.85	¥-2,942.88	¥-5,364.73
252	¥438,943.73	¥-2,950.54	¥-2,414.19	¥-5,364.73
288	¥321,833.29	¥-3,594.65	¥-1,770.08	¥-5,364.73
324	¥179,157.49	¥-4,379.37	¥-985.37	¥-5,364.73
360	¥5,335.39	¥-5,335.39	¥-29.34	¥-5,364.73
361	¥-0.00	¥-840,000.00	¥-1,091,304.27	¥-1,931,304.27

图 10-13　贷款方案二各月还款明细结果

（7）对比图 10-12 与图 10-13 可知，方案二的总还款额高达 1 931 304.27 元，其中超过 100 万元用于偿还利息，占总还款额的一半以上（56.5%），而方案一的总还款额为 1 444 325.01 元，比方案二少近 50 万元，其中利息为 604 325.01 元，占总还款额的约四成（41.8%）。因此若选择方案二，将多支出近 50 万元的利息。由上述结果不难发现，虽然还款期数更长时每月应还款金额相对更少，但在能够承担的前提下，每月支付更多的还款显然有助于减少总贷款支出。在本实验案例中，方案一的每月还款额仅比小徐的最大承受能力高出 18.02 元，因此完全可以考虑选择方案一作为最终的贷款方案。

2. 完成实验要求 2。

(1) 在工作簿“购房贷款方案分析.xlsx”中构建工作表“还款期数分析”，在单元格区域 B2:C6 中输入还款期数分析的计算参数。在单元格区域 C2:C4 中输入各参数初始值：

- 在单元格 C2 内输入还款金额(PV)值 840 000 元。
- 在单元格 C3 内输入方案一的贷款月利率 0.5%。
- 在单元格 C4 内输入每期还款金额 7000 元。

接下来利用 NPER 函数在单元格 C5 中计算还款期数，在单元格 C5 内构建公式：

=NPER(C3,-C4,C2)

计算完成后得到结果为 183.72，即每月还款 7000 元的情形下，需要使用 183.72 个月还清所有贷款。在单元格 C6 内构建公式“=C5/12”，可以得到还款期数为 15.31 年，贷款还款期数分析过程及结果如图 10-14 所示。

	A	B	C
1			
2		初始待还款金额PV（元）	840000
3		银行贷款利率RATE	0.50%
4		每期还款金额PMT(元)	7000
5		还款期数NPER（月）	
6		还款期数NPER（年）	

⇨

	A	B	C
1			
2		初始待还款金额PV（元）	840000
3		银行贷款利率RATE	0.50%
4		每期还款金额PMT(元)	7000
5		还款期数NPER（月）	183.72
6		还款期数NPER（年）	15.31

图 10-14　贷款还款期数分析过程及结果

(2) 为了解当前方案下各期还款本金与还款利息结果，可以在工作表“还款期数分析”的单元格区域 E1:I187 中构建各期还款明细表，各期还款明细表及计算结果如图 10-15 所示。并在单元格 F3 中输入初始的贷款余额 840 000 元，接下来使用与实验要求 1 类似的方法利用 PPMT 和 IPMT 函数分别计算各期的还款本金与还款利息。

【注意】 构建函数时 nper 参数应引用单元格 C5 的值，向下填充至第 185 行即可。

根据图 10-14 中的结果，所有贷款将在 183.72 期还清，因此在 184 期时已无须按照 7000 元的最大金额还款，因此不能使用 PPMT 和 IPMT 函数计算该期还款本金与利息。最后一期的还款本金应与该期的贷款余额一致，在单元格 G186 中构建公式：

=-F186

最后一期的还款利息为贷款余额乘以利率，在单元格 H186 中构建公式：

=-F186*C3

在单元格 I186 中构建公式：

=G186+H186

可以得到最后一期的还款总额为-5014.93 元，即最后一次还款只需向银行支付 5014.93 元。最后在 187 行中计算各项数据的总计值，各期还款明细表及计算结果如图 10-15 所示。由图 10-15 可知，在每月还款 7000 元的情形下，实际总还款额为 1 286 014.93 元，比方案一与方案二都要低，其中还款利息总额为 446 014.93 元，占总还款额的 34.7%，也在所有方案中最低。可见在银行等额还款的方案中，每期还款数额越大，总还款期数就越短，支付的利息金额也会随之减少。

E	F	G	H	I
各月还款明细表				
期数	贷款余额	还款本金	还款利息	还款额
1	¥840,000.00	¥-2,800.00	¥-4,200.00	¥-7,000.00
2	¥837,200.00	¥-2,814.00	¥-4,186.00	¥-7,000.00
3	¥834,386.00	¥-2,828.07	¥-4,171.93	¥-7,000.00
24	¥771,930.87	¥-3,140.35	¥-3,859.65	¥-7,000.00
48	¥692,065.74	¥-3,539.67	¥-3,460.33	¥-7,000.00
72	¥602,044.98	¥-3,989.78	¥-3,010.22	¥-7,000.00
96	¥500,577.20	¥-4,497.11	¥-2,502.89	¥-7,000.00
120	¥386,206.79	¥-5,068.97	¥-1,931.03	¥-7,000.00
144	¥257,293.08	¥-5,713.53	¥-1,286.47	¥-7,000.00
168	¥111,986.72	¥-6,440.07	¥-559.93	¥-7,000.00
183	¥11,930.32	¥-6,940.35	¥-59.65	¥-7,000.00
184	¥4,989.98	¥-4,989.98	¥-24.95	¥-5,014.93
185	¥0.00	¥-840,000.00	¥-446,014.93	¥-1,286,014.93

图 10-15 各期还款明细表及计算结果

10.3 企业项目投资决策分析

【实验要求】

某公司有 4 个项目(项目一、项目二、项目三与项目四)即将启动,各项目的投资成本(万元)与接下来 5 年的预期收益(万元)情况如表 10-1 所示,考虑公司可用于启动项目的资金有限,现需要在 4 个项目中选择一个投入资金,请根据相关信息构建 Excel 素材工作表,完成以下项目投资决策分析:

1. 假设每年的折现率为 5%,请使用净现值作为依据完成项目投资决策分析,并分析当折现率在 1%~10% 变化时的项目选择方案。

2. 使用内部收益率为依据完成项目投资决策分析。

表 10-1 各项目的投资成本(万元)与接下来 5 年的预期收益(万元)情况

项目名称	投资成本	第 1 年	第 2 年	第 3 年	第 4 年	第 5 年
项目一	100.0	50.0	40.0	30.0	20.0	20.0
项目二	120.0	40.0	60.0	40.0	25.0	20.0
项目三	120.0	25.0	25.0	40.0	50.0	50.0
项目四	150.0	50.0	50.0	50.0	35.0	35.0

【实验素材】

无

【实验步骤】

1. 完成实验要求 1。

(1) 在工作簿"企业项目决策分析.xlsx"中构建工作表"投资净现值分析",在各个单元格中输入项目投资决策分析参数。其中单元格 C2 中存放折现率 5%,单元格区域 C5:H8 中存放各项目的成本及收益值,单位为万元。接下来使用 NPV 函数统计各个项目的净现值,在单元格 I5 中构建公式:

=NPV($C$2,D5:H5)-C5

利用填充柄将单元格 I5 中的公式向下复制到单元格 I8,即可得到各个项目的净现值结果。企业项目投资净现值分析参数及结果如图10-16所示。

	A	B	C	D	E	F	G	H	I
1									
2		折现率	5%						
3									
4		项目名	初始成本	第1年	第2年	第3年	第4年	第5年	净现值（NPV）
5		项目一	100.0	50.0	40.0	30.0	20.0	20.0	
6		项目二	120.0	40.0	60.0	40.0	25.0	20.0	
7		项目三	120.0	25.0	25.0	40.0	50.0	50.0	
8		项目四	150.0	50.0	50.0	50.0	35.0	35.0	

	A	B	C	D	E	F	G	H	I
1									
2		折现率	5%						
3									
4		项目名	初始成本	第1年	第2年	第3年	第4年	第5年	净现值（NPV）
5		项目一	100.0	50.0	40.0	30.0	20.0	20.0	41.9
6		项目二	120.0	40.0	60.0	40.0	25.0	20.0	43.3
7		项目三	120.0	25.0	25.0	40.0	50.0	50.0	41.4
8		项目四	150.0	50.0	50.0	50.0	35.0	35.0	42.4

图10-16　企业项目投资净现值分析参数及结果

（2）由图10-16可知，当折现率为5%时，4个项目的净现值均为正值，说明每个项目都可以为该公司带来实际收益，其中项目二的净现值最大（43.3万元），因此在折现率为5%时，应选择该项目投入资金。接下来分析当折现率在1%～10%变化时，最优项目的结果是否会随之改变。在工作表"投资净现值分析"中的单元格区域K2:O13中构建模拟运算表的框架结构，在单元格区域K3:K13中输入折现率的取值序列，并在单元格区域L3:O3中使用公式填入单元格区域I5:I8中的各个项目净现值结果。项目净现值模拟运算表及计算结果如图10-17所示。

K	L	M	N	O
折现率	项目一	项目二	项目三	项目四
	41.9	43.3	41.4	42.4
1%				
2%				
3%				
4%				
5%				
6%				
7%				
8%				
9%				
10%				

K	L	M	N	O
折现率	项目一	项目二	项目三	项目四
	41.9	43.3	41.4	42.4
1%	56.1	60.3	63.7	64.0
2%	52.3	55.8	57.7	58.2
3%	48.7	51.5	52.0	52.7
4%	45.3	47.3	46.5	47.4
5%	41.9	43.3	41.4	42.4
6%	38.7	39.5	36.4	37.5
7%	35.7	35.8	31.6	32.9
8%	32.7	32.2	27.1	28.4
9%	29.9	28.8	22.8	24.1
10%	27.1	25.5	18.6	20.0

图10-17　项目净现值模拟运算表及计算结果

（3）在单元格区域L4:O13中构建各个项目的净现值受折现率变化影响的模拟运算表，选择单元格区域K3:O13，在"数据"选项卡的"数据工具"组中单击"模拟分析"按钮，在弹出的下拉菜单中选择"模拟运算表"命令，弹出"模拟运算表"对话框，如图10-18所示。在"输入引用列的单元格"输入框中选择单元格C2，单击"确定"按钮即可得到模拟运算表计算结果。利用条件格式将单元格区域L4:O13中各行的最大值设置为"浅红填充色深红色文本"。最小值设置为"绿填充色深绿色文本"。项目净现值模拟运算表计算结果如图10-17所示。

由图10-17中的模拟运算表计算结果可以看出，折现率的改变会直接影响净现值分析的结果：折现率小于或等于4%时，项目四为最优选择；折现率大于4%且小于8%时，项目二为最优选择；折现率大于或等于8％时，项目一为最优选择。同时，折现率为1％～4％时，项目一的净现值最小；折现率为5％～10％时，项目三的净现值最小。

图10-18　弹出"模拟运算表"对话框

2．完成实验要求2。

（1）在工作簿"企业项目决策分析.xlsx"中构建工作表"投资内部收益率分析"，在各个单元格内输入项目投资决策分析的相关参数，企业项目投资内部收益率分析参数及结果如图10-19所示。

【注意】　在进行内部收益率分析时，单元格区域C3：C6中的初始成本应录入负数值，即表示支出金额。

（2）使用IRR函数计算各个项目的投资回报率，在单元格I3内构建公式：

＝IRR(C3：H3)

利用填充柄将I3单元格内的公式向下复制到单元格I6，即可完成各个项目内部收益率的计算。企业项目投资内部收益率分析参数及结果如图10-19所示。由图10-19可知，4个项目的内部收益率结果均大于当前折现率5％，说明每个项目均能够为公司带来实际的收益，其中项目一的内部收益率最高（22.5％），因此可以作为最优项目投入资金。对比图10-16和图10-19中的结果可知，以净现值与内部收益率为依据得到的投资决策结果可能并不相同，两者均有其参考价值，在实际应用时可结合公司和项目具体情况进行选择。

A	B	C	D	E	F	G	H	I
1								
2	方案名	初始成本	第1年	第2年	第3年	第4年	第5年	内部收益率(IRR)
3	项目一	-100.0	50.0	40.0	30.0	20.0	20.0	
4	项目二	-120.0	40.0	60.0	40.0	25.0	20.0	
5	项目三	-120.0	25.0	25.0	40.0	50.0	50.0	
6	项目四	-150.0	50.0	50.0	50.0	35.0	35.0	

A	B	C	D	E	F	G	H	I
1								
2	方案名	初始成本	第1年	第2年	第3年	第4年	第5年	内部收益率(IRR)
3	项目一	-100.0	50.0	40.0	30.0	20.0	20.0	22.5%
4	项目二	-120.0	40.0	60.0	40.0	25.0	20.0	19.2%
5	项目三	-120.0	25.0	25.0	40.0	50.0	50.0	15.1%
6	项目四	-150.0	50.0	50.0	50.0	35.0	35.0	15.5%

图10-19　企业项目投资内部收益率分析参数及结果

 ## 10.4　黄金价格预测分析

【实验要求】

黄金是一种非常重要的金属，它不仅是用于储备和投资的特殊通货，同时又是首饰业、电子行业、现代通信、航天航空业等部门的重要材料，在历次国际货币金融体系的发展变化中一直占有重要地位。素材文件"黄金价格预测分析.xlsx"的工作表"黄金价格数据"中记录了2018年8月至2020年2月国际黄金期货价格每周数据。请利用这些数据进行时间序列分析,预测随后两周(以2020年2月9日、2020年2月16日为例介绍其方法)的黄金价格,具体要求如下:

1. 使用移动平均预测分析法,完成时间跨度为2~4周的黄金价格预测,比较不同时间跨度下的预测结果并确定最优结果。

2. 使用指数平滑预测分析法,完成平滑常数为0.1~0.5的黄金价格预测,比较不同平滑常数下的预测结果并确定最优结果。

3. 分别使用趋势线与规划求解法完成黄金价格的线性预测。

【实验素材】

黄金价格预测分析.xlsx

黄金价格预测分析实验素材内容如图10-20所示。

A	B	C		A	B	C		A	B	C
1				28	2019年8月11日	1,523.60		55	2019年2月3日	1,343.70
2	日期	价格(美元/盎司)		29	2019年8月4日	1,508.50		56	2019年1月27日	1,347.10
3	2020年2月2日	1,586.85		30	2019年7月28日	1,457.50		57	2019年1月20日	1,329.10
4	2020年1月26日	1,582.90		31	2019年7月21日	1,432.20		58	2019年1月13日	1,313.80
5	2020年1月19日	1,571.90		32	2019年7月14日	1,439.40		59	2019年1月6日	1,321.30
6	2020年1月12日	1,560.30		33	2019年7月7日	1,424.80		60	2018年12月30日	1,317.40
7	2020年1月5日	1,560.10		34	2019年6月30日	1,412.10		61	2018年12月23日	1,313.70
8	2019年12月29日	1,552.40		35	2019年6月23日	1,425.10		62	2018年12月16日	1,288.60
9	2019年12月22日	1,518.10		36	2019年6月16日	1,411.20		63	2018年12月9日	1,272.20
10	2019年12月15日	1,480.90		37	2019年6月9日	1,355.90		64	2018年12月2日	1,283.60
11	2019年12月8日	1,481.20		38	2019年6月2日	1,357.40		65	2018年11月25日	1,256.50
12	2019年12月1日	1,465.10		39	2019年5月26日	1,322.60		66	2018年11月18日	1,260.00
13	2019年11月24日	1,472.70		40	2019年5月19日	1,301.00		67	2018年11月11日	1,259.00
14	2019年11月17日	1,470.50		41	2019年5月12日	1,293.00		68	2018年11月4日	1,245.00
15	2019年11月10日	1,475.40		42	2019年5月5日	1,305.30		69	2018年10月28日	1,269.90
16	2019年11月3日	1,469.80		43	2019年4月28日	1,299.20		70	2018年10月21日	1,272.30
17	2019年10月27日	1,518.50		44	2019年4月21日	1,306.80		71	2018年10月14日	1,265.30
18	2019年10月20日	1,512.30		45	2019年4月14日	1,294.10		72	2018年10月7日	1,258.10
19	2019年10月13日	1,494.10		46	2019年4月7日	1,313.40		73	2018年9月30日	1,242.20
20	2019年10月6日	1,488.70		47	2019年3月31日	1,313.70		74	2018年9月23日	1,231.30
21	2019年9月29日	1,512.90		48	2019年3月24日	1,316.50		75	2018年9月16日	1,236.90
22	2019年9月22日	1,506.40		49	2019年3月17日	1,336.50		76	2018年9月9日	1,236.60
23	2019年9月15日	1,515.10		50	2019年3月10日	1,327.10		77	2018年9月2日	1,235.50
24	2019年9月8日	1,499.50		51	2019年3月3日	1,324.30		78	2018年8月26日	1,241.10
25	2019年9月1日	1,515.50		52	2019年2月24日	1,323.80		79	2018年8月19日	1,248.20
26	2019年8月25日	1,529.40		53	2019年2月17日	1,357.60		80	2018年8月12日	1,219.30
27	2019年8月18日	1,537.60		54	2019年2月10日	1,346.80		81	2018年8月5日	1,255.10

图10-20 黄金价格预测分析实验素材内容

【实验步骤】

1. 完成实验要求1。

(1) 在素材文件"黄金价格预测分析.xlsx"中构建工作表"黄金价格移动平均分析",在工作表中构建黄金价格移动平均预测分析表,如图10-21所示。

【注意】 与原始素材不同,移动平均分析工作表内的数据按照时间从前到后排列。

(2) 根据单元格区域C4:C82中的历史黄金价格信息,在单元格区域D4:D84中进行时间跨度为2周的移动平均预测分析。在"数据"选项卡的"分析"组中单击"数据分析"按钮,弹出"数据分析"对话框,在"分析工具"列表框中选择"移动平均"选项,单击右侧的"确定"按钮,弹出"移动平均"对话框,如图10-22所示。

在"移动平均"对话框中进行如下参数设置:

- 在"输入区域"中输入历史黄金价格数据时间序列,这里选择单元格区域C4:C82中的数据。

	A	B	C	D	E	F
1						
2		日期	价格（美元/盎司）	时间跨度（周）		
3				2	3	4
4		2018年8月5日	1,255.10			
5		2018年8月12日	1,219.30			
6		2018年8月19日	1,248.20			
7		2018年8月26日	1,241.10			
8		2018年9月2日	1,235.50			
9		2018年9月9日	1,236.60			
10		2018年9月16日	1,236.90			
78		2020年1月5日	1,560.10			
79		2020年1月12日	1,560.30			
80		2020年1月19日	1,571.90			
81		2020年1月26日	1,582.90			
82		2020年2月2日	1,586.85			
83		2020年2月9日				
84		2020年2月16日				
85		MSE				

图 10-21　黄金价格移动平均预测分析表

图 10-22　"移动平均"对话框

- 在"间隔"中输入"2"，表示设置移动平均跨度为 2 周。
- 在"输出区域"中输入预测结果显示区域，这里选择单元格 D5，让所有的预测结果从该单元格开始向下自动填充。

（3）完成设置后，单击"确定"按钮即可得到预测结果。其中单元格 D83 中已经填入了 2020 年 2 月 9 日的黄金价格预测值 1584.88，利用填充柄将单元格 D83 中的公式向下填充至单元格 D84，即可得到 2020 年 2 月 16 日的黄金价格移动平均预测分析结果，如图 10-23 所示。接下来按照相同的方法，在"移动平均"对话框中保持"输入区域"参数的内容不变，并分别设置"间隔"参数为 3、4，分别设置输出区域参数为单元格 E5、F5，完成时间跨度为 3 周和 4 周的移动平均预测分析，其结果序列将分别显示在 E 列至 F 列对应的单元格区域中，同样将单元格 E83 与 F83 中的公式向下复制填充至单元格 E84 与 F84 中，即可在单元格区域 E83:E84 与 F83:F84 中分别得到时间跨度为 3 周和 4 周时的黄金价格移动平均预测分析结果，如图 10-23 所示。

（4）使用均方误差 MSE 为依据比较不同时间跨度的预测结果。先将 D 列至 F 列中所有显示为"♯N/A"的单元格内容删除，以免其对均方误差 MSE 计算结果造成影响。接下来在单元格 D85 中计算时间跨度为 2 周时的均方误差值，在单元格 D85 中构建公式：

=SUMXMY2($C$4:$C$82,D4:D82)/COUNTA(D4:D82)

	A	B	C	D	E	F
1						
2		日期	价格（美元/盎司）	时间跨度（周）		
3				2	3	4
4		2018年8月5日	1,255.10			
5		2018年8月12日	1,219.30			
6		2018年8月19日	1,248.20	1,237.20		
7		2018年8月26日	1,241.10	1,233.75	1,240.87	
8		2018年9月2日	1,235.50	1,244.65	1,236.20	1,240.93
9		2018年9月9日	1,236.60	1,238.30	1,241.60	1,236.03
10		2018年9月16日	1,236.90	1,236.05	1,237.73	1,240.35
79		2020年1月12日	1,560.30	1,556.25	1,543.53	1,527.88
80		2020年1月19日	1,571.90	1,560.20	1,557.60	1,547.73
81		2020年1月26日	1,582.90	1,566.10	1,564.10	1,561.18
82		2020年2月2日	1,586.85	1,577.40	1,571.70	1,568.80
83		2020年2月9日	1584.88	1,584.88	1,580.55	1,575.49
84		2020年2月16日	1585.86	1,585.86	1,584.88	1,581.63
85		MSE		416.6974	564.1016	746.0136

图 10-23 黄金价格移动平均预测分析结果

完成计算后即可得到时间跨度为 2 周时的均方误差结果。接下来利用填充柄将单元格 D85 中的公式向右复制到单元格 F85，即可得到不同时间跨度下的均方误差，计算得到黄金价格移动平均预测分析结果如图 10-23 所示。由图 10-23 可知，时间跨度为 2～4 周时预测结果的均方误差分别为 416.6974、564.1016 和 746.0136，其中时间跨度为 2 周时的误差最小，因此可将其对应的预测结果 1584.88 与 1585.86 输入单元格区域 C83:C84 中，最终黄金价格移动平均预测分析结果如图 10-23 所示。此外，还可以根据单元格区域 D6:D84 中的预测结果绘制黄金价格移动平均预测分析图，如图 10-24 所示。

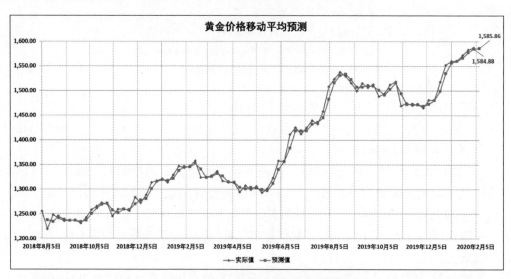

图 10-24 黄金价格移动平均预测分析图

2. 完成实验要求 2。

（1）在素材文件"黄金价格预测分析.xlsx"中构建工作表"黄金价格指数平滑分析"，在各个单元格中输入黄金价格指数平滑预测分析参数，如图 10-25 所示。

（2）在单元格区域 D4:D84 中进行平滑指数取值为 0.1 时的指数平滑预测分析。在"数据"选项卡的"分析"组中单击"数据分析"按钮，弹出"数据分析"对话框，在"分析工具"列表框中选择"指数平滑"选项，单击右侧的"确定"按钮，弹出"指数平滑"对话框，如图 10-26 所示。

实验10 利用Excel进行数据分析

	A	B	C	D	E	F	G	H
1								
2		日期	价格（美元/盎司）			平滑常数		
3				0.1	0.2	0.3	0.4	0.5
4		2018年8月5日	1,255.10					
5		2018年8月12日	1,219.30					
6		2018年8月19日	1,248.20					
7		2018年8月26日	1,241.10					
8		2018年9月2日	1,235.50					
9		2018年9月9日	1,236.60					
10		2018年9月16日	1,236.90					
78		2020年1月5日	1,560.10					
79		2020年1月12日	1,560.30					
80		2020年1月19日	1,571.90					
81		2020年1月26日	1,582.90					
82		2020年2月2日	1,586.85					
83		2020年2月9日						
84		2020年2月16日						
85		MSE						

图 10-25 黄金价格指数平滑预测分析参数

图 10-26 "指数平滑"对话框

在"指数平滑"对话框中进行如下参数设置：

- 在"输入区域"中输入黄金价格历史数据时间序列，这里选择单元格区域 C4:C82 中的数据。
- "阻尼系数"参数的值等于 1 减去平滑常数，平滑常数取值为 0.1 时，阻尼系数为 0.9，因此在"阻尼系数"中输入 0.9。
- 在"输出区域"中输入预测结果显示区域，这里选择单元格 D4，让所有的预测结果从该单元格开始向下自动填充。

（3）完成设置后，单击"确定"按钮即可得到预测结果。将单元格 D82 中的公式复制填充至单元格 D83，即可得到平滑指数为 0.1 时 2020 年 2 月 9 日的黄金价格指数平滑预测分析结果，其预测值为 1522.59，如图 10-27 所示。

【注意】 由于没有给出 2020 年 2 月 9 日的历史黄金价格数据，因此无法预测 2020 年 2 月 16 日的黄金价格。

（4）按照相同的方法，在"指数平滑"对话框中保持"输入区域"参数的内容不变，并分别设置"阻尼系数"参数为 0.8、0.7、0.6、0.5，分别设置输出区域参数为单元格 E4、F4、G4、H4，完成平滑常数为 0.2～0.5 时的黄金价格指数平滑预测分析，其结果序列将分别显示在 E 列至 H 列对应的单元格区域中，最后将单元格区域 E82:H82 中的公式复制填充至单元格区域 E83:H83，得到平滑指数为 0.2～0.5 时的预测结果分别为 1551.35、1566.09、1574.66 与

1579.57。平滑指数为 0.2~0.5 时的黄金价格指数平滑预测分析结果如图 10-27 所示。

	A	B	C	D	E	F	G	H
1								
2		日期	价格（美元/盎司）	平滑常数				
3				0.1	0.2	0.3	0.4	0.5
4		2018年8月5日	1,255.10					
5		2018年8月12日	1,219.30	1,255.10	1,255.10	1,255.10	1,255.10	1,255.10
6		2018年8月19日	1,248.20	1,251.52	1,247.94	1,244.36	1,240.78	1,237.20
7		2018年8月26日	1,241.10	1,251.19	1,247.99	1,245.51	1,243.75	1,242.70
8		2018年9月2日	1,235.50	1,250.18	1,244.19	1,242.69	1,242.69	1,241.90
9		2018年9月9日	1,236.60	1,248.71	1,244.39	1,241.58	1,239.81	1,238.70
10		2018年9月16日	1,236.90	1,247.50	1,242.83	1,240.09	1,238.53	1,237.65
78		2020年1月5日	1,560.10	1,486.93	1,509.05	1,509.05	1,517.34	1,525.28
79		2020年1月12日	1,560.30	1,494.25	1,513.04	1,524.37	1,534.45	1,542.69
80		2020年1月19日	1,571.90	1,500.86	1,522.49	1,535.15	1,544.79	1,551.50
81		2020年1月26日	1,582.90	1,507.96	1,532.37	1,546.17	1,555.63	1,561.70
82		2020年2月2日	1,586.85	1,515.45	1,542.44	1,557.19	1,566.54	1,572.30
83		2020年2月9日	1579.57	1,522.59	1,551.35	1,566.09	1,574.66	1,579.57
84		2020年2月16日						
85		MSE		2746.5537	1329.5005	863.6007	634.9615	506.9280

图 10-27　黄金价格指数平滑预测分析结果

（5）使用均方误差 MSE 为依据比较不同平滑常数下的预测结果。先将 D 列至 H 列中所有显示为"＃N/A"的单元格内容删除，以免其对均方误差 MSE 计算结果造成影响。接下来在单元格 D85 中计算平滑指数为 0.1 时的均方误差值，在单元格 D85 中构建公式：

＝SUMXMY2（＄C＄4：＄C＄82,D4:D82)/COUNTA(D4:D82)

完成计算后即可得到平滑指数为 0.1 时的均方误差结果。接下来利用填充柄将单元格 D85 中的公式向右复制到单元格 H85，即可得到不同平滑指数下的均方误差。黄金价格指数平滑预测分析结果如图 10-27 所示。由图 10-27 可知，平滑指数为 0.1~0.5 时预测结果的均方误差分别为 2746.5537、1329.5005、863.6007、634.9615 和 506.9280，其中平滑指数为 0.5 时的误差最小，因此可将其对应的预测结果 1579.57 输入单元格 C83 中，黄金价格指数平滑预测分析最终结果如图 10-27 所示。此外，还可以根据单元格区域 H5:H83 中的预测结果绘制黄金价格指数平滑预测分析图，如图 10-28 所示。

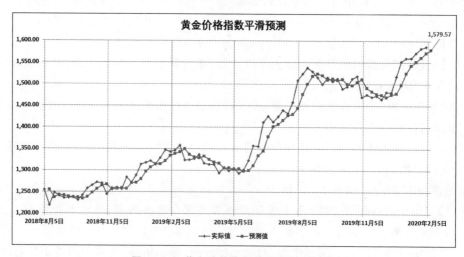

图 10-28　黄金价格指数平滑预测分析图

3. 完成实验要求 3。

（1）在素材文件"黄金价格预测分析.xlsx"中构建工作表"黄金价格线性趋势分析"，在各个单元格中输入黄金价格线性趋势预测分析参数，如图 10-29 所示。

实验10 利用Excel进行数据分析

	A	B	C	D	E	F	G	H	I
1									
2		日期	序号	价格（美元/盎司）	趋势线分析	规划求解分析			
3		2018年8月5日	1	1,255.10				趋势线法参数	
4		2018年8月12日	2	1,219.30				截距a	
5		2018年8月19日	3	1,248.20				斜率b	
6		2018年8月26日	4	1,241.10				规划求解法参数	
7		2018年9月2日	5	1,235.50				截距a	
8		2018年9月9日	6	1,236.60				斜率b	
9		2018年9月16日	7	1,236.90				MSE	
10		2018年9月23日	8	1,231.30					
77		2020年1月5日	75	1,560.10					
78		2020年1月12日	76	1,560.30					
79		2020年1月19日	77	1,571.90					
80		2020年1月26日	78	1,582.90					
81		2020年2月2日	79	1,586.85					
82		2020年2月9日	80						
83		2020年2月16日	81						

图 10-29 黄金价格线性趋势预测分析参数

【注意】 为了方便构建线性趋势预测函数，在 B 列后插入了一列序号列，并输入 1～81 的顺序编号值。

（2）利用单元格区域 C 列和 D 列的数据绘制反映国际黄金价格变化趋势的散点图。通过鼠标框选选中单元格区域 C2:D81，在"插入"选项卡的"图表"组中单击"散点图"按钮，在弹出的下拉菜单中选择"散点图"命令，则可根据所选数据绘制基本散点图。对该图表进行简单的编辑，修改纵坐标轴显示范围为 1200～1600，横坐标轴显示范围为 0～80，修改图表标题，得到更加简洁美观的黄金价格变化散点图，如图 10-30 所示。可以看出 2018 年 8 月至 2020 年 2 月的国际黄金价格虽然存在上下波动变化的情形，但是整体呈线性上升的趋势，因此可以使用线性趋势预测方法对其进行分析。

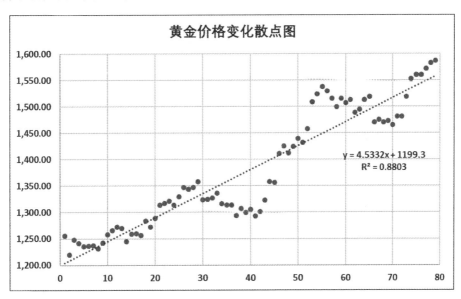

图 10-30 黄金价格变化散点图及趋势线

（3）使用线性趋势线工具在图中添加趋势线以确立其线性预测函数。在图 10-30 的数据系列上右击，在弹出的快捷菜单中选择"添加趋势线"命令，弹出"设置趋势线格式"任务窗格。在对话框中设置"趋势预测/回归分析类型"为"线性"，勾选界面下方的"显示公式"与"显示 R 平方值"复选框，即可为黄金价格散点图添加一条线性趋势线，并显示该趋势线的线性函数与

R 平方值。黄金价格变化散点图与趋势线如图 10-30 所示。

（4）由线性函数可以看出其截距 a 与斜率 b 的取值分别为 1199.3 与 4.5332。R 平方值为 0.8803，远大于 0.5 的最低要求，可见图 10-30 中的线性趋势线及函数较好地拟合了黄金价格的历史数据，可靠性较高，可以根据该趋势线进行线性趋势预测。

（5）可将截距 a 与斜率 b 的值分别输入到工作表的单元格 I4 与 I5 内，再利用得到的线性函数对 2020 年 2 月 9 日与 2 月 16 日的黄金价格进行线性趋势预测分析。在单元格 E3 中构建公式：

＝＄I＄4＋C3＊＄I＄5

用填充柄将 E3 单元格中的公式向下复制到单元格 E83，即在单元格区域 E3:E81 中得到 2018 年 8 月至 2020 年 2 月的历史黄金价格的预测结果，而 2020 年 2 月 9 日与 2 月 16 日的黄金价格预测结果则显示在单元格区域 E82:E83 内，线性趋势线法预测结果如图 10-31 所示。

A	B	C	D	E	F	G	H	I
1								
2	日期	序号	价格（美元/盎司）	趋势线分析	规划求解分析			
3	2018年8月5日	1	1,255.10	1,203.83			趋势线法参数	
4	2018年8月12日	2	1,219.30	1,208.37			截距a	1199.3
5	2018年8月19日	3	1,248.20	1,212.90			斜率b	4.5332
6	2018年8月26日	4	1,241.10	1,217.43			规划求解法参数	
7	2018年9月2日	5	1,235.50	1,221.97			截距a	
8	2018年9月9日	6	1,236.60	1,226.50			斜率b	
9	2018年9月16日	7	1,236.90	1,231.03			MSE	
10	2018年9月23日	8	1,231.30	1,235.57				
77	2020年1月5日	75	1,560.10	1,539.29				
78	2020年1月12日	76	1,560.30	1,543.82				
79	2020年1月19日	77	1,571.90	1,548.36				
80	2020年1月26日	78	1,582.90	1,552.89				
81	2020年2月2日	79	1,586.85	1,557.42				
82	2020年2月9日	80		1,561.96				
83	2020年2月16日	81		1,566.49				

图 10-31　线性趋势线法预测结果

（6）使用规划求解工具构建黄金价格的线性趋势预测函数。首先在单元格 I7 和 I8 内输入关于截距 a 与斜率 b 的两个初始假设值，如 100 与 100。接下来利用此假设值构建线性预测函数在 F 列中对 2018 年 8 月至 2020 年 2 月的历史黄金价格进行预测分析。在单元格 F3 中构建公式：

＝＄I＄7＋C3＊＄I＄8

利用填充柄将单元格 F3 中的公式向下复制到单元格 F83，即在单元格区域 F3:F81 中得到了历史数据的预测值。接下来计算历史数据预测值与实际值之间的均方误差 MSE。在单元格 I9 中构建公式：

＝SUMXMY2(F3:F81,D3:D81)/COUNTA(F3:F81)

计算完成后即可得到当前假设的截距 a 与斜率 b 条件下的趋势预测均方误差结果。

（7）可使用规划求解工具不断修正单元格 I7 和 I8 内的参数值，直到计算得到的均方误差最小为止。在"数据"选项卡的"分析"组中单击"规划求解"按钮，弹出"规划求解参数"对话框，如图 10-32 所示。

在"规划求解参数"对话框中进行如下参数设置：

- 在"设置目标"中输入规划求解目标值所在位置，这里选择单元格 I9，即均方误差结果所在的单元格。
- 选择"最小值"作为求解目标，即通过规划求解运算使单元格 I9 中的均方误差最小化。

- 在"通过更改可变单元格"中输入求解变量,这里选择存放截距 a 与斜率 b 假设值的单元格区域 I7:I8。
- 取消"使无约束变量为非负数"复选框的勾选状态,让规划运算过程中截距 a 与斜率 b 能取负数。

图 10-32 "规划求解参数"对话框

(8)单击"求解"按钮,Excel 将返回"规划求解结果"对话框并显示求解结果报告。单击"确定"按钮,可以看到此时单元格 I7 与 I8 中的数据已经更新,反复执行规划求解工具直到单元格 I7 与 I8 中的数据不再明显变化,即可得到线性趋势预测参数结果。此时,F 列中的预测结果已经随 I7 与 I8 的取值变化而更新,其中单元格区域 F82:F83 内的取值即为 2020 年 2 月 9 日与 2 月 16 日的黄金价格规划求解法预测结果,如图 10-33 所示。对比图 10-31 与图 10-33 可知两种线性趋势预测方法得到的结果十分接近,这里可以直接使用公式计算其平均值并输入单元格区域 D82:D83 中。

	A	B	C	D	E	F	G	H	I
1									
2		日期	序号	价格(美元/盎司)	趋势线分析	规划求解分析		趋势线法参数	
3		2018年8月5日	1	1,255.10	1,203.83	1,203.85		截距a	1199.3
4		2018年8月12日	2	1,219.30	1,208.37	1,208.38		斜率b	4.5332
5		2018年8月19日	3	1,248.20	1,212.90	1,212.91		规划求解法参数	
6		2018年8月26日	4	1,241.10	1,217.43	1,217.45			
7		2018年9月2日	5	1,235.50	1,221.97	1,221.98		截距a	1199.31519
8		2018年9月9日	6	1,236.60	1,226.50	1,226.51		斜率b	4.53308927
9		2018年9月16日	7	1,236.90	1,231.03	1,231.05		MSE	1452.97072
10		2018年9月23日	8	1,231.30	1,235.57	1,235.58			
77		2020年1月5日	75	1,560.10	1,539.29	1,539.30			
78		2020年1月12日	76	1,560.30	1,543.82	1,543.83			
79		2020年1月19日	77	1,571.90	1,548.36	1,548.36			
80		2020年1月26日	78	1,582.90	1,552.89	1,552.90			
81		2020年2月2日	79	1,586.85	1,557.42	1,557.43			
82		2020年2月9日	80	1561.96	1,561.96	1,561.96			
83		2020年2月16日	81	1566.49	1,566.49	1,566.50			

图 10-33 规划求解法预测结果

10.5 居民工资与存款分析

【实验要求】

素材文件"居民工资与存款分析.xlsx"的工作表"上海市平均工资与居民存款"中存放了上海市 2000—2019 年每年的社会平均工资与城乡居民储蓄年末余额数据。请根据上述数据完成以下数据分析操作：

1. 使用图示法和相关系数法对社会平均工资与城乡居民储蓄年末余额之间的相关关系进行分析。

2. 利用现有数据对上海市社会平均工资与城乡居民储蓄年末余额进行线性回归分析，并使用回归结果预测当社会平均工资达到 160 000 元时的居民储蓄年末余额大小。

【实验素材】

居民工资与存款分析.xlsx

居民工资与存款分析实验素材内容如图 10-34 所示。

年份	社会平均工资(元)	城乡居民储蓄年末余额(亿元)
2019	142983	27071.74
2018	130765	24338.48
2017	120503	23639.80
2016	109279	23384.73
2015	100623	21269.30
2014	91477	20486.25
2013	80191	19506.70
2012	77031	17288.45
2011	71874	15650.24
2010	63549	13707.32
2009	56565	11464.15
2008	49310	8745.22
2007	41188	8730.00
2006	34345	7665.60
2005	30085	6116.13
2004	27304	5103.15
2003	23959	3891.50
2002	21781	3001.89
2001	18531	2524.05
2000	16641	2597.12

图 10-34 居民工资与存款分析实验素材内容

【实验步骤】

1. 完成实验要求 1。

（1）根据社会平均工资与城乡居民储蓄年末余额两列数据绘制散点图，判断两者之间是否存在相关关系。打开工作表"上海市平均工资与居民存款"，使用鼠标框选选中单元格区域 C2:D22，在"插入"选项卡的"图表"组中单击"散点图"按钮，在弹出的下拉菜单中选择"散点图"命令，则可根据所选数据绘制基本散点图。对该图表进行简单的编辑，为图表添加坐标轴标题，并将横坐标轴范围调整至 10 000～150 000，最后对图表标题进行修改，得到社会平均工资与城乡居民储蓄年末余额变化散点图，如图 10-35 所示。

（2）由图 10-35 可知，上海市社会平均工资与城乡居民储蓄年末余额之间的相关性十分明显，当社会平均工资增长时，城乡居民的储蓄年末余额随之上升，这一结果也与客观事实相符。此外,图中的数据点基本在一条直线附近均匀分布,说明两者之间呈线性相关关系。

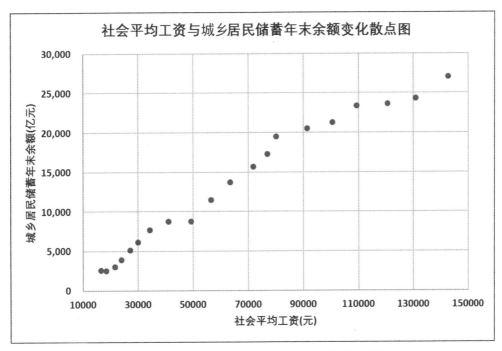

图 10-35　社会平均工资与城乡居民储蓄年末余额变化散点图

(3) 使用 Excel 2016 数据分析工具计算上海市社会平均工资与城乡居民储蓄年末余额之间的相关系数,从而评价两者之间的相关程度大小。在"数据"选项卡的"分析"组中单击"数据分析"按钮,弹出"数据分析"对话框,在"分析工具"列表框中选择"相关系数"选项,单击右侧的"确定"按钮,弹出"相关系数"对话框,如图 10-36 所示。

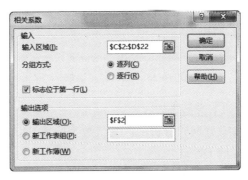

图 10-36　"相关系数"对话框

在"相关系数"对话框中进行如下参数设置:
- 在"输入区域"中输入需要进行相关系数计算的数据范围,这里通过鼠标框选选中社会平均工资与城乡居民储蓄年末余额两个变量对应的单元格区域 C2:D22。
- 在"分组方式"中设置变量数据的存储方式,这里选择"逐列"单选按钮。
- 勾选"标志位于第一行"复选框,表示输入区域的第一行为变量标题而非数据。
- 在"输出选项"中设置计算结果的输出位置,这里选择将计算结果显示于当前工作表以单元格 F2 为左上角的区域内。

(4) 设置完成后，单击"确定"按钮完成相关系数的计算，相关系数计算结果如图 10-37 所示。由图 10-37 可知，上海市社会平均工资与城乡居民储蓄年末余额之间的相关系数值高达 0.985 671 938，这说明两者之间相关性极强，且存在十分明确的正线性相关关系。

	社会平均工资(元)	城乡居民储蓄年末余额(亿元)
社会平均工资(元)	1	
城乡居民储蓄年末余额(亿元)	0.985671938	1

图 10-37　相关系数计算结果

2. 完成实验要求 2。

(1) 使用 Excel 2016 中的数据分析工具对工作表"上海市平均工资与居民存款"中的两个变量进行线性回归分析。在"数据"选项卡的"分析"组中单击"数据分析"按钮，弹出"数据分析"对话框，在"分析工具"列表框中选择"回归"选项，单击右侧的"确定"按钮，弹出"回归"对话框，如图 10-38 所示。

图 10-38　"回归"对话框

在"回归"对话框中进行如下参数设置：
- 在"Y 值输入区域"中设置回归分析的因变量数据区域，这里选择城乡居民储蓄年末余额列对应的单元格区域 D2:D22。
- 在"X 值输入区域"中设置回归分析的自变量数据区域，这里选择社会平均工资列对应的单元格区域 C2:C22。
- 勾选"标志"复选框，表示 X、Y 值输入区域的第一行为标题而非数据。
- 在"输出选项"中设置结果的输出方式，这里将结果显示在"新工作表组"中，并在输入框中设置工作表名为"社会工资与居民存款回归分析"。

(2) 设置完成后单击"确定"按钮，从而以社会平均工资为自变量，以城乡居民储蓄年末余额为因变量对两者进行一元线性回归分析，并确立其回归系数，进而构建两者之间的线性回归模型，其结果显示在名为"社会工资与居民存款回归分析"的新工作表中。工资与存款线性回归分析结果如图 10-39 所示。

	A	B	C	D	E	F	G	H	I
1	SUMMARY OUTPUT								
2									
3		回归统计							
4	Multiple R	0.9856719							
5	R Square	0.9715492							
6	Adjusted R Square	0.9699686							
7	标准误差	1442.3443							
8	观测值	20							
9									
10	方差分析								
11		df	SS	MS	F	Significance F			
12	回归分析	1	1.28E+09	1.28E+09	614.6705	2.2949E-15			
13	残差	18	37446428	2080357					
14	总计	19	1.32E+09						
15									
16		Coefficients	标准误差	t Stat	P-value	Lower 95%	Upper 95%	下限 95.0%	上限 95.0%
17	Intercept	-114.1465	630.2031	-0.18113	0.858292	-1438.15403	1209.861	-1438.15	1209.861
18	社会平均工资(元)	0.2052508	0.008279	24.79255	2.29E-15	0.187857827	0.222644	0.187858	0.222644

图 10-39　工资与存款线性回归分析结果

（3）由图 10-39 中的结果可知，线性回归得到的相关系数、测定系数、校正测定系数的值均在 0.96 以上，说明回归分析取得了较好的拟合效果，回归模型的整体 P 值（Significance F）为 2.2949×10^{-15}，远小于判别标准 0.05，说明模型整体置信度较高，可以用于变量之间的预测计算。根据单元格区域 B17:B18 内的线性回归系数结果，可以得到上海市社会平均工资（简写为工资）与城乡居民储蓄年末余额（简写为存款）之间的回归模型表达式为：

$$Y(存款) = -114.1465 + 0.2052508X(工资)$$

（4）为了检验回归模型的实际预测效果，在素材文件"居民工资与存款分析.xlsx"中构建工作表"社会工资与居民存款回归预测"，在各个单元格内输入上海市社会工资与居民存款预测分析的相关参数，社会工资与居民存款回归预测表如图 10-40 所示。

	A	B	C	D	E	F
1						
2		年份	社会平均工资(元)	城乡居民储蓄年末余额(实际值)	城乡居民储蓄年末余额(预测值)	残差
3		2019	142983	27071.74		
4		2018	130765	24338.48		
5		2017	120503	23639.80		
6		2016	109279	23384.73		
7		2015	100623	21269.30		
8		2014	91477	20486.25		
9		2013	80191	19506.70		
10		2012	77031	17288.45		
11		2011	71874	15650.24		
12		2010	63549	13707.32		
13		2009	56565	11464 15		
14		2008	49310	8745.22		
15		2007	41188	8730.00		
16		2006	34345	7665.60		
17		2005	30085	6116.13		
18		2004	27304	5103.15		
19		2003	23959	3891.50		
20		2002	21781	3001.89		
21		2001	18531	2524.05		
22		2000	16641	2597.12		

图 10-40　社会工资与居民存款回归预测表

（5）利用回归分析得到模型表达式在 E 列中计算历年城乡居民储蓄年末余额的线性回归预测值，在单元格 E3 中构建公式：

=C3*0.2052508-114.1465

利用填充柄将单元格 E3 内的公式向下复制到单元格 E22 中,即得到历年城乡居民储蓄年末余额的预测结果。接着在 F 列中计算各年预测值与实际值之间的残差,在单元格 F3 中构建公式:

=D3-E3

利用填充柄将单元格 F3 中的公式向下复制到单元格 F22 中,可以得到线性回归预测的残差结果,设置 E 列与 F 列的数字格式为数值型,保留 4 位小数,且用红色字体显示负数,得到社会平均工资与城乡居民存款回归预测结果,如图 10-41 所示。

年份	社会平均工资(元)	城乡居民储蓄年末余额(实际值)	城乡居民储蓄年末余额(预测值)	残差
2019	142983	27071.74	29233.2286	-2161.49
2018	130765	24338.48	26725.4744	-2386.99
2017	120503	23639.80	24619.1907	-979.39
2016	109279	23384.73	22315.4557	1069.27
2015	100623	21269.30	20538.8047	730.50
2014	91477	20486.25	18661.5809	1824.67
2013	80191	19506.70	16345.1204	3161.58
2012	77031	17288.45	15696.5279	1591.92
2011	71874	15650.24	14638.0495	1012.19
2010	63549	13707.32	12929.3366	777.98
2009	56565	11464.15	11495.8650	-31.72
2008	49310	8745.22	10006.7704	-1261.55
2007	41188	8730.00	8339.7235	390.28
2006	34345	7665.60	6935.1922	730.41
2005	30085	6116.13	6060.8238	55.31
2004	27304	5103.15	5490.0213	-386.87
2003	23959	3891.50	4803.4574	-911.96
2002	21781	3001.89	4356.4212	-1354.53
2001	18531	2524.05	3689.3561	-1165.31
2000	16641	2597.12	3301.4321	-704.31

图 10-41 社会平均工资与城乡居民存款回归预测结果

(6) 可以根据图 10-41 中的数据绘制线性回归预测图。通过鼠标框选选中单元格区域 C2:E22,在"插入"选项卡的"图表"组中单击"散点图"按钮,在弹出的下拉菜单中选择"散点图"命令,则可根据所选数据绘制基本散点图。在图中选择数据系列"城乡居民储蓄年末余额(预测值)",右击,在弹出的快捷菜单中选择"更改图表类型"命令,打开"更改图表类型"对话框的"所有图表"选项卡,在下方的列表中设置"城乡居民储蓄年末余额(预测值)"的图表类型为"带平滑线的散点图","图表类型"参数设置如图 10-42 所示。单击"确定"按钮,并对图表标题、坐标轴范围等图表格式进行设置,得到社会工资与居民存款线性回归预测图,如图 10-43 所示。图中直线即为线性回归最佳拟合直线,可以看出,真实数据所代表的数据点基本分布于直线附近,说明线性回归取得了较好的拟合效果。最后可以利用回归模型预测当社会平均工资达到 160 000 元时的居民储蓄年末余额为 160 000×0.2 052 508-114.1465=32 725.9815(亿元)。

图 10-42 "图表类型"参数设置

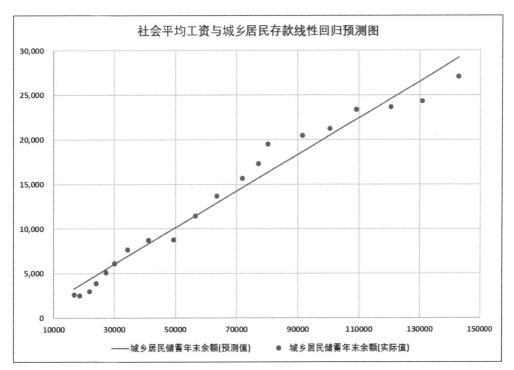

图 10-43　社会平均工资与城乡居民存款线性回归预测图

 10.6　全国消费者物价指数分析

【实验要求】

消费者物价指数简称 CPI，它是反映与居民生活有关的消费品及服务价格水平的变动情况的重要宏观经济指标，其变动率在一定程度上反映了通货膨胀或紧缩的程度。一般来说，CPI 的高低直接影响国家的宏观经济调控措施的出台与力度，也间接影响资本市场(如股票市场、期货市场)的变化。素材文件"全国消费者物价指数.xlsx"的工作表"全国消费者物价指数数据"中记录了 2018 年 5 月至 2019 年 12 月我国每月城市、农村和全国消费者物价指数结果。现需要根据 2020 年 1 月我国城市和农村的消费者物价指数数据对全国的指数值进行预测计算，具体要求如下：

1. 分析各月城市、农村和全国消费者物价指数的相关性，计算其相关系数。
2. 对上述变量进行回归分析，确立回归模型对 2020 年 1 月全国消费者物价指数进行预测。

【实验素材】

全国消费者物价指数.xlsx

全国消费者物价指数分析实验素材内容如图 10-44 所示。

【实验步骤】

1. 完成实验要求 1。

(1) 判断城市 CPI 与全国 CPI、农村 CPI 与全国 CPI 之间是否存在相关关系。打开工作表"全国消费者物价指数数据"，通过 Ctrl 键与鼠标框选选中不连续单元格区域 C2:C22 和

	A	B	C	D	E
1					
2		月 份	城市	农村	全国
3		2018年05月	101.8	101.7	101.8
4		2018年06月	101.8	101.9	101.9
5		2018年07月	102.1	102	102.1
6		2018年08月	102.3	102.3	102.3
7		2018年09月	102.4	102.5	102.5
8		2018年10月	102.5	102.6	102.5
9		2018年11月	102.2	102.2	102.2
10		2018年12月	101.9	101.9	101.9
11		2019年01月	101.8	101.7	101.7
12		2019年02月	101.5	101.4	101.5
13		2019年03月	102.3	102.3	102.3
14		2019年04月	102.5	102.6	102.5
15		2019年05月	102.7	102.8	102.7
16		2019年06月	102.7	102.7	102.7
17		2019年07月	102.7	102.9	102.8
18		2019年08月	102.8	103.1	102.8
19		2019年09月	102.8	103.6	103
20		2019年10月	103.5	104.6	103.8
21		2019年11月	104.2	105.5	104.4
22		2019年12月	104.2	105.3	104.5
23		2020年01月	105.1	106.3	

图 10-44　全国消费者物价指数分析实验素材内容

E2:E22，在"插入"选项卡的"图表"组中单击"散点图"按钮，在弹出的下拉菜单中选择"散点图"命令，即可根据城市 CPI 与全国 CPI 的历史数据绘制散点图，对图表进行适当的格式化操作，得到全国 CPI 与城市 CPI 变化散点图如图 10-45 所示。由图 10-45 可知，城市 CPI 与全国 CPI 结果之间存在明显的正相关关系，且数据点基本呈线性分布，因此两者之间应为线性相关关系。同理，可根据 D 列与 E 列中的数据绘制全国 CPI 与农村 CPI 变化散点图，如图 10-46 所示。与图 10-45 中的结果类似，农村 CPI 与全国 CPI 之间也存在较为明显的正线性相关关系。

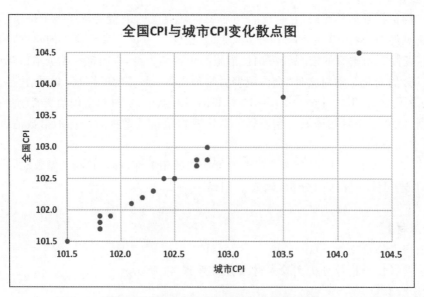

图 10-45　全国 CPI 与城市 CPI 变化散点图

（2）对全国 CPI 与城市、农村 CPI 之间的相关系数进行计算。在"数据"选项卡的"分析"组中单击"数据分析"按钮，弹出"数据分析"对话框，在"分析工具"列表框中选择"相关系数"选

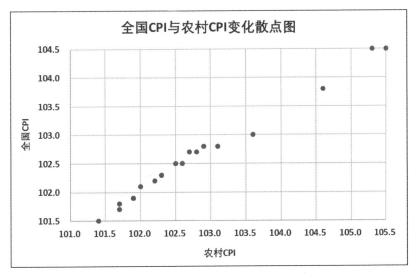

图 10-46 全国 CPI 与农村 CPI 变化散点图

项,单击右侧的"确定"按钮,弹出"相关系数"对话框,如图 10-47 所示。

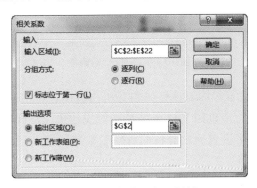

图 10-47 "相关系数"对话框

在"相关系数"对话框中进行如下参数设置:

- 在"输入区域"中输入需要进行相关系数计算的数据范围,这里通过鼠标框选选中城市、农村和全国 CPI 三个变量对应的单元格区域 C2:E22。
- 在"分组方式"中设置变量数据的存储方式,这里选择"逐列"单选按钮。
- 勾选"标志位于第一行"复选框,表示输入区域的第一行为变量标题而非数据。
- 在"输出选项"中设置计算结果的输出位置,这里选择将计算结果显示于当前工作表以 G2 单元格为左上角的区域内。

(3) 设置完成后,单击"确定"按钮完成相关系数的计算,相关系数分析结果如图 10-48 所示。由图 10-48 中单元格区域 H5:I5 中的结果可知,全国 CPI 与城市、农村 CPI 的相关系数分别为 0.996 629 与 0.993 87,均十分接近 1。这进一步验证了全国 CPI 与城市、农村 CPI 之间均存在线性正相关关系,即全国 CPI 的取值会同时受到城市和农村 CPI 变量取值的影响。

G	H	I	J
	城市	农村	全国
城市	1		
农村	0.985922	1	
全国	0.996629	0.99387	1

图 10-48 相关系数分析结果

2. 完成实验要求 2。

(1) 由相关分析结果可知全国 CPI 的取值会同时受到城市和农村 CPI 变量取值的影响，下面将以全国 CPI 为因变量，以城市 CPI 和农村 CPI 为自变量进行多元线性回归分析。在"数据"选项卡的"分析"组中单击"数据分析"按钮，弹出"数据分析"对话框，在"分析工具"列表框中选择"回归"选项，单击右侧的"确定"按钮，弹出"回归"对话框，如图 10-49 所示。

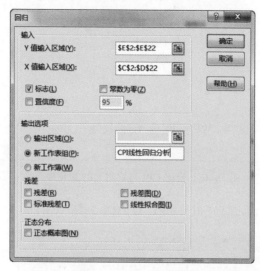

图 10-49 "回归"对话框

在"回归"对话框中完成下述多元线性回归分析参数设置：

- 在"Y 值输入区域"中设置因变量全国 CPI 对应的单元格区域 E2:E22。
- 在"X 值输入区域"中设置回归分析的自变量数据区域，这里输入城市和农村 CPI 对应的单元格区域 C2:D22。
- 勾选"标志"复选框，表示所有输入参数单元格范围的第一行为标题而非数据。
- 在"输出选项"中设置结果的显示方式，这里将回归分析结果显示在名为"CPI 线性回归分析"的新工作表中。

(2) 参数设置完成后，单击"确定"按钮进行多元线性回归分析计算，得到多元线性回归分析结果如图 10-50 所示。由图 10-50 可知，回归分析得到的相关系数、测定系数、校正测定系数的值均在 0.99 以上，说明多元线性拟合取得了很好的效果。回归模型的整体 P 值 (Significance F) 为 2.44924×10^{-23}，模型的置信度在 99% 以上。此外，单元格区域 E18:E19 中的结果表明回归分析中两个自变量的 P 值均远小于 0.05，即城市 CPI 与农村 CPI 均对全国 CPI 有显著影响，因此可以使用这两个自变量的值对全国 CPI 进行预测计算。由单元格区域 B17:B19 中的回归系数结果可以确定关于全国 CPI 的多元线性回归模型为：

Y(全国 CPI) = 2.88224733 + 0.68021695X_1(城市 CPI) + 0.29161032X_2(农村 CPI)

(3) 为了验证多元线性回归模型的实际应用效果，可在工作表"全国消费者物价指数数据"的 E 列后插入一列，将标题设置为"全国（预测）"。接下来利用回归分析得到的多元线性回归模型在 F 列中计算各月全国 CPI 的预测结果，在单元格 F3 中构建公式：

= 2.88224733 + 0.68021695 * C3 + 0.29161032 * D3

利用填充柄将单元格 F3 中的公式向下复制到单元格 F23，即可完成 2018 年 5 月至 2020

年 1 月全国 CPI 的预测计算,多元线性回归预测结果如图 10-51 所示,其中单元格 F23 的值即为 2020 年 1 月全国 CPI 的预测结果 105.3712。

	A	B	C	D	E	F	G	H	I
1	SUMMARY OUTPUT								
2									
3	回归统计								
4	Multiple R	0.99890581							
5	R Square	0.99781281							
6	Adjusted R Square	0.9975555							
7	标准误差	0.04117905							
8	观测值	20							
9									
10	方差分析								
11			df	SS	MS	F	Significance F		
12	回归分析		2	13.15117	6.575586	3877.769	2.44924E-23		
13	残差		17	0.028827	0.001696				
14	总计		19	13.18					
15									
16			Coefficients	标准误差	t Stat	P-value	Lower 95%	Upper 95%	下限 95.0%	上限 95.0%
17	Intercept		2.88224733	3.043882	0.946898	0.356957	-3.53978251	9.304277	-3.53978	9.304277
18	城市		0.68021695	0.077017	8.832039	9.25E-08	0.517725321	0.842709	0.517725	0.842709
19	农村		0.29161032	0.049068	5.942996	1.6E-05	0.188086103	0.395135	0.188086	0.395135

图 10-50　多元线性回归分析结果

	A	B	C	D	E	F	G
1							
2		月 份	城市	农村	全国	全国(预测)	对角线
3		2018年05月	101.8	101.7	101.8	101.7851	101.8
4		2018年06月	101.8	101.9	101.9	101.8434	101.9
5		2018年07月	102.1	102	102.1	102.0767	102.1
6		2018年08月	102.3	102.3	102.3	102.3002	102.3
7		2018年09月	102.4	102.5	102.5	102.4265	102.5
8		2018年10月	102.5	102.6	102.5	102.5237	102.5
9		2018年11月	102.2	102.2	102.2	102.2030	102.2
10		2018年12月	101.9	101.9	101.9	101.9114	101.9
11		2019年01月	101.8	101.7	101.7	101.7851	101.7
12		2019年02月	101.5	101.4	101.5	101.4936	101.5
13		2019年03月	102.3	102.3	102.3	102.3002	102.3
14		2019年04月	102.5	102.6	102.5	102.5237	102.5
15		2019年05月	102.7	102.8	102.7	102.7181	102.7
16		2019年06月	102.7	102.7	102.7	102.6889	102.7
17		2019年07月	102.7	102.9	102.8	102.7472	102.8
18		2019年08月	102.8	103.1	102.8	102.8736	102.8
19		2019年09月	102.8	103.6	103	103.0194	103
20		2019年10月	103.5	104.6	103.8	103.7871	103.8
21		2019年11月	104.2	105.5	104.5	104.5257	104.5
22		2019年12月	104.2	105.3	104.5	104.4674	104.5
23		2020年01月	105.1	106.3	105.371	105.3712	

图 10-51　多元线性回归预测结果

(4) 为了更加直观地分析多元线性回归模型的预测效果,还可以根据各月全国 CPI 的预测值和实际值绘制对角线图。首先在工作表"全国消费者物价指数数据"的 F 列后再插入一列,标题为"对角线"。将单元格区域 E3:E22 中的全国 CPI 实际值复制并粘贴到 G 列中,以便在绘制对角线图的过程中使用。接下来利用鼠标框选选中单元格区域 E3:G22,在"插入"选项卡的"图表"组中单击"散点图"按钮,在弹出的下拉菜单中选择"散点图"命令,即可绘制反映全国 CPI 预测值与实际值之间大小关系的散点图。在图中选择数据系列"系列 2",右击,在弹出的快捷菜单中选择"更改图表类型"命令,打开"更改图表类型"对话框的"所有图表"选项卡,在下方的列表框中设置"系列 2"的图表类型为"带平滑线的散点图",单击"确定"按钮。为图表添加坐标轴标题,并适当调整坐标轴显示范围、图表标题和其他格式,得到各月全国 CPI 预测值与实际值对比图,如图 10-52 所示。

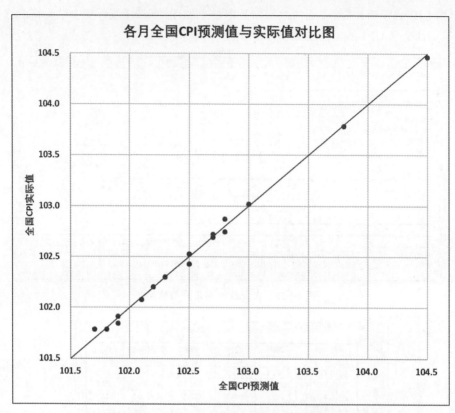

图 10-52　各月全国 CPI 预测值与实际值对比图

　　(5) 由图 10-52 可知,图中数据点的横、纵坐标分别代表某月全国 CPI 的预测值和实际值大小。显然,数据点越靠近对角线,则表示当月的预测值越准确。从整体看,大部分数据点均分布在对角线附近,这说明使用多元线性回归模型得到的全国 CPI 预测结果比较理想。因此,可以认为单元格 F23 中关于 2020 年 1 月全国 CPI 的预测结果具有较大的参考价值,可将其输入单元格 E23 内作为最终的预测结果。多元线性回归预测结果如图 10-51 所示。

第二部分

习题部分

习题 1　信息技术与大数据分析基础

习题 1 主要类型有单选题、多选题、填空题和判断题，主要考查信息技术及计算机基础知识，希望读者通过练习，进一步加深对信息科学与大数据分析相关技术基本概念和方法的掌握。

习题 2　大数据分析工具

习题 2 主要类型有单选题、多选题、判断题、改错题和编程题，主要考查大数据分析基本概念和核心工具 Python 程序设计语言，希望读者通过练习，掌握利用 Python 程序设计语言编写程序完成简单数据处理的方法。

习题 3　信息网络技术与网络数据获取

习题 3 主要类型有单选题、多选题、填空题和判断题，主要考查信息网络技术的核心知识，希望读者通过练习，明确信息网络的组成和资源共享方式，更好地利用网络资源解决相关领域问题。

习题 4　文本数据处理

习题 4 主要类型有单选题、多选题、填空题和判断题，主要考查大数据分析过程中文本数据处理的工具和方法，希望读者通过练习，掌握利用 Office 2016 工具包中的 Word 和 PowerPoint 软件进行基本文本数据处理的方法。

习题 5　表格数据处理

习题 5 主要类型有单选题、多选题、填空题和判断题，主要考查大数据分析过程中表格数据处理的工具和方法，希望读者通过练习，掌握利用 Office 2016 工具包中的 Excel 软件进行基本表格数据处理的方法。

习题 6　数据分析

习题 6 主要类型有单选题、多选题、填空题和判断题，主要考查数据分析相关概念、方法和应用，希望读者通过练习，掌握利用信息技术相关工具完成描述性统计、投资决策、时间序列分析、相关与回归分析等数据分析操作的方法。

上述习题均以在线习题题库形式提供，读者可扫描封底题库刮刮卡在线扫码做题。

图书资源支持

感谢您一直以来对清华版图书的支持和爱护。为了配合本书的使用,本书提供配套的资源,有需求的读者请扫描下方的"书圈"微信公众号二维码,在图书专区下载,也可以拨打电话或发送电子邮件咨询。

如果您在使用本书的过程中遇到了什么问题,或者有相关图书出版计划,也请您发邮件告诉我们,以便我们更好地为您服务。

我们的联系方式:

清华大学出版社计算机与信息分社网站:https://www.shuimushuhui.com/

地　　址:北京市海淀区双清路学研大厦 A 座 714

邮　　编:100084

电　　话:010-83470236　010-83470237

客服邮箱:2301891038@qq.com

QQ:2301891038(请写明您的单位和姓名)

资源下载: 关注公众号"书圈"下载配套资源。

书圈

清华计算机学堂

观看课程直播